新・物質科学ライブラリ＝4

基礎 有機化学 [新訂版]

大須賀 篤弘・東田 卓 共著

サイエンス社

サイエンス社のホームページのご案内
https://www.saiensu.co.jp
ご意見・ご要望は　rikei@saiensu.co.jp　まで

新訂にあたって

初版発行後15年が過ぎ，その間に化学の発展並びにさまざまな化学関連の名称変更等が行われた．それに伴って，新訂版では最新の有機化学の現状に沿って内容や記述を見直した．特に14章の「有機材料」の章は大幅に改訂し，最新の有機材料の現状を紹介している．

終わりに，新訂版執筆にあたり，本書の編集，出版にご尽力いただきました株式会社サイエンス社の田島伸彦氏，鈴木綾子氏，馬越春樹氏にお礼を申し上げます．

2019年7月

大須賀 篤弘
東 田 卓

はじめに

化学という学問の魅力の一つとして，新しい化合物「もの」を作ることが挙げられる．人類の役に立つものもあれば，美しい構造のもの，長年人類が夢見たもの，あるいは科学論争に終止符をつける決定的なものであることもあるだろう．化学の中でも，有機化学はとりわけ創造(ものつくり)の学問である．近年の有機化学の進歩は素晴らしく，目的化合物が決まれば，どんなに複雑な分子でも合成できるようなレベルにある．有機化合物は実に多彩で，その種類や数は，数え切れないくらい多いし，今も増え続けている．一方，有機化学は，役に立つ学問である．身の回りに有機化合物は溢れており，有機化学を理解することで，うまく処理できたり，危険を回避できたりすることは多い．進んで，化学の専門職に就くと，自分で合成方法を調べて，合成できる能力を持っているかいないかは，会社や研究所で決定的な差となることがしばしばである．つまり，合成できる人は有能で，合成できない人は無能だとの判を押されたりしてしまうことが多い．このように，有機化学は役に立つ学問だから，勉強したほうがいいと言いたいわけだが，実のところは，有機化学自体が面白い魅力的な学問であるので，ちゃんと勉強しないと損だと言いたいわけである．しかも，複雑極まる有機化合物を相手に勉強する必要はなく，いくつかの代表的な有機化合物の大事な性質や反応，考え方を身につければ，多くの有機反応を理解できるようになる．

この教科書では，有機化学を理解するために，代表的な有機化合物に沿って，合成法，性質，関連の重要な概念が丁寧に解説してあり，大学・短大・高専の初学者が有機化学の大枠を理解するには好適である．有機化学全般を１冊にコンパクトにまとめてあり，重要な有機化合物，有機化学反応の考え方は，この本で調べられるように工夫されている．反面，各章の記述や解説は必ずしも完全ではない．むしろ簡潔すぎるくらいである．したがって，この教科書に沿って，有機化学の大枠を理解した後，必要に応じて，より広い知識や深い理解を目指して，高度な専門書に挑戦してもらいたい．

医薬品や電子材料など多くの分野で，役に立つ有機化合物が待望されている．「新しいものを自在に作ることができる」という有機化学の知識やノウハウを早く身につけ，活用できるようになるために，本書に沿って学習して欲しい．

最後に，本書を書くにあたり大阪府立工業高等専門学校 田中義光名誉教授に多くの助言を頂きました．心より感謝いたします．また，いろいろご面倒をおかけしたサイエンス社の田島伸彦氏にお礼申し上げます．

2004年2月

大須賀 篤弘
東田　　卓

目　次

第1章

有機化学とは

本章の内容

1.1 はじめに

有機化合物とは炭素の酸化物を除くすべての炭素化合物である．

有機化学 (organic chemistry) とは，有機化合物の性質，変化を研究する学問であり，無機化学と共に近代科学の始まりからよく知られた化学の一領域である．18, 19 世紀にかけて科学者達は多くの化学物質の中で生命体の器官 (organ) によって生成される物質を有機化合物 (organic compound) といい，生命が関与しなければ作られることがないと信じていた．これらは今日天然有機化合物と言われている．しかし，1828 年，ドイツの化学者ウェーラー (Friedrich Wöhler) が，無機化合物であるシアン酸アンモニウム NH_4OCN を試験管中で加熱して，哺乳動物の尿中から得られる尿素 $(NH_2)_2CO$ を合成することに成功した．この成功により生命体の器官を経ずに有機化合物も人工的に合成できることが明らかになった．今日では天然有機化合物も合成有機化合物も含めて，炭素の酸化物を除いたすべての炭素の化合物を有機化合物といい，有機化学とは炭素化合物を取り扱う化学であるとも言える．

私達が身近に接している衣食住の物質の中には多くの有機化合物が見られる．食べ物ではご飯・パン等はデンプンというグルコースの重合体であり，サラダのドレッシングは酢酸水溶液と油脂の混合物であり，また砂糖は高純度のショ糖である．肌着の木綿はセルロースであり，羊毛・絹はタンパク質である．これらは古くから私達が利用してきた天然有機化合物であるが，今日ではこのほか合成繊維，プラスチック製品，合成医薬品など人工的に合成された有機化合物に囲まれて生活している．これらの合成物は私達の生活を豊に快適なものにしてくれたが，同時に人類に予期せぬ災いをももたらしたものもある．フロンや PCB，ダイオキシンがその例である．

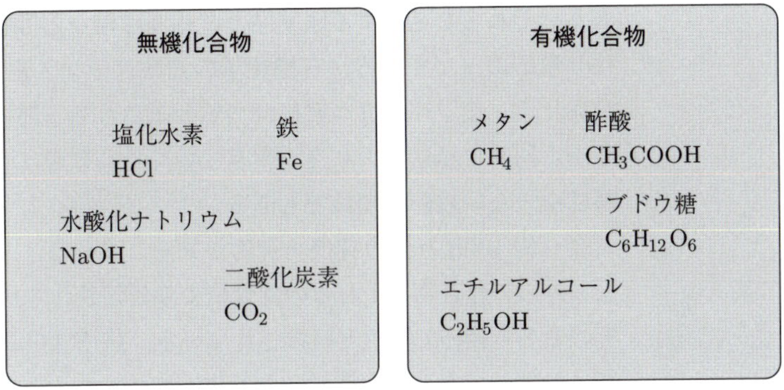

無機化合物
塩化水素
HCl
鉄
Fe
水酸化ナトリウム
NaOH
二酸化炭素
CO2
有機化合物
メタン
CH4
酢酸
CH3COOH
ブドウ糖
C6H12O6
エチルアルコール
C2H5OH

図1.1　有機化合物と無機化合物

NH4OCN
加熱
H2N—C—NH2
O
シアン酸アンモニウム
尿素
シアン酸とアンモニアが
中和してできたイオン
無機化合物
有機化合物

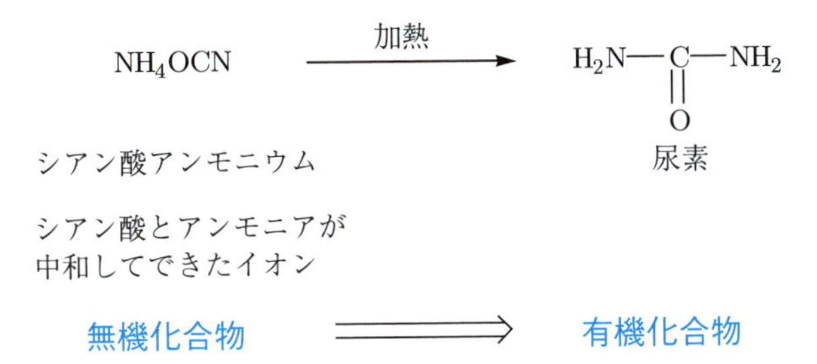

図1.2　ウェーラーによる無機化合物から有機化合物の合成

私達が健康に生きているということは，生体が自然な有機反応をしていることでもある．発熱や疼痛は不自然な，また異常な有機反応が体内で起こっていることでもある．それらを克服する医薬品との相互作用なども有機化学反応の一つである．有機化学の知識は医学・薬学・合成化学・農学等の専門家には当然要求される学問であるが，同時に私達がより良く生きていくために身につけねばならない教養的知識でもある．

今日約1000万種の有機化合物が知られている．しかしこれらの化合物はそれらの性質により分類されており，その命名も極めて整然と組織されている．**IUPAC**命名法は論理的であり，自然科学の歴史と伝統を生かして慣用語も取り入れており，納得しやすいものである．

IUPAC (International Union of Pure and Applied Chemistry) 国際純正および応用化学連合の略称.

有機化学反応もそれぞれの物質の性質と反応の条件をよく考えるとその必然性が見えてきて理解しやすいものである．常に「何故なのか？　どうして？」と考えながら有機物質の性質を学び理解し，我が物としてほしい．

有機化学を学ぶことにより，日々接する生活物資をその外観，印象だけで判断することなく化学物質として身体への安全や環境への影響などを考え，より良い生活への指針を得ることになるだろう．そして先人達も考えた生命の神秘に迫る発見やかつて存在しなかったより優れた新物質の合成への道を見いだすことができるだろう．

この書で有機化学の基礎を学びさらに高度な有機化学に挑戦してくれることを願っている．

ここに挙げた物質は次の各章でより詳しく述べている．○7章 酢酸 (acetic acid)，○10章タンパク質 (protein)，○11章デンプン (starch)，　グルコース (glucose)，ショ糖 (sucrose)，セルロース (cellulose)，○12章油脂 (fat, oil：高級脂肪酸のグリセリド (glyceride))，○14章プラスチック (plastics).

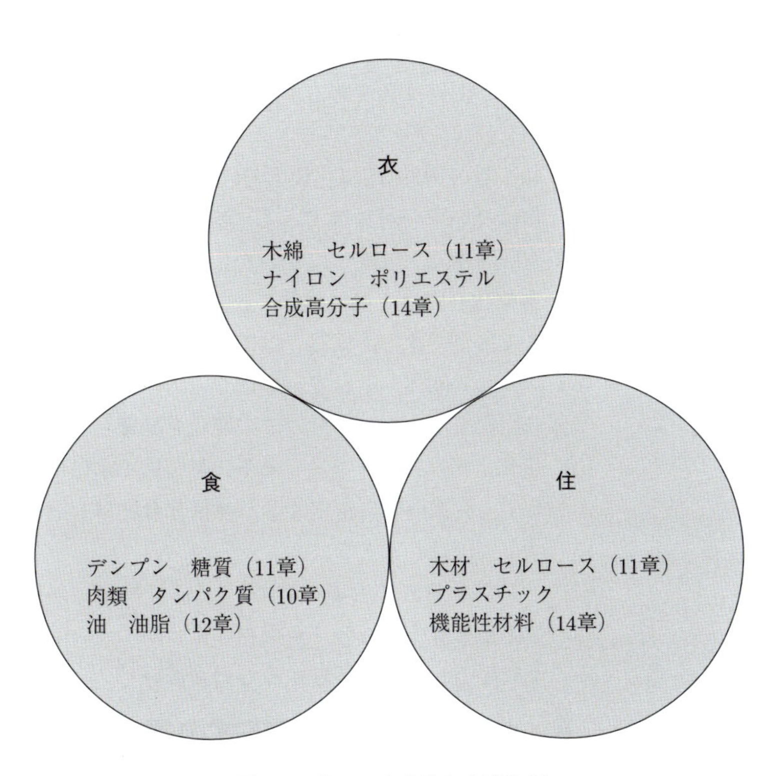

図1.3　我々の衣食住と有機物質

CF_2Cl_2	Cl_m — Cl_n	Cl, Cl, O, O, Cl, Cl
フロン類	PCB	ダイオキシン
冷媒として使用 オゾン層の破壊	絶縁体として使用 排水中に混じり 海洋生物に濃縮蓄積	ハロゲンを含む有機物を 低温で燃焼すると発生 猛毒

図1.4　予期せぬ災厄をもたらした有機物質

1.2 有機化合物の特性

有機化合物は炭素の化合物である．その一般的な特性を述べても例外は必ずある．無機化合物と区別できるいくつかを列記する．

(1) 極少数の例外(四塩化炭素 CCl_4 など) を除いて有機化合物はたいてい可燃性である (無機塩は一般に不燃性で多くは固体で，融解しにくいか全く融解しない)．

有機化合物は無機化合物に比べ，取り扱いがデリケートなものが多い．また有機溶媒を使う実験が多いので常に火災に対する備えが必要となってくる．

(2) 有機化合物は一般に気体，液体，または固体の三態をとることができる．低温では固体であり，温度が高くなるにつれて液体，そして気体になる．中には固体から気体に変化するものもあり，この変化を昇華という．

(3) 炭化水素は非イオン性である．無極性で水には全く溶解せず，有機溶媒に溶解する．無機化合物は有機溶媒に溶ける例はほとんどない．

(4) 水に溶けるものも多い (エタノール，酢酸，砂糖など −OH 基を有するもの．無機物は結合がイオン的であることに起因して水に溶解するものが多い)．

1.3 有機化学反応式の書き方

有機化合物は無機化合物に比べ一般にデリケートなため，熱や酸素により分解することがある．また，反応の条件により目的としない異性体 (3.1 節) が多くできたり，反応が効率良く進行しない (収率が悪い) ことがあるため，有機化学反応式は，反応溶媒や温度などの反応条件を一般に矢印下側に，反応試薬や触媒などを矢印上側に書く習慣になっている．

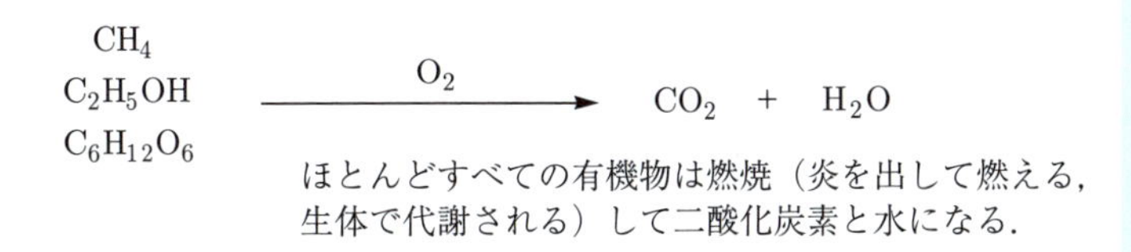

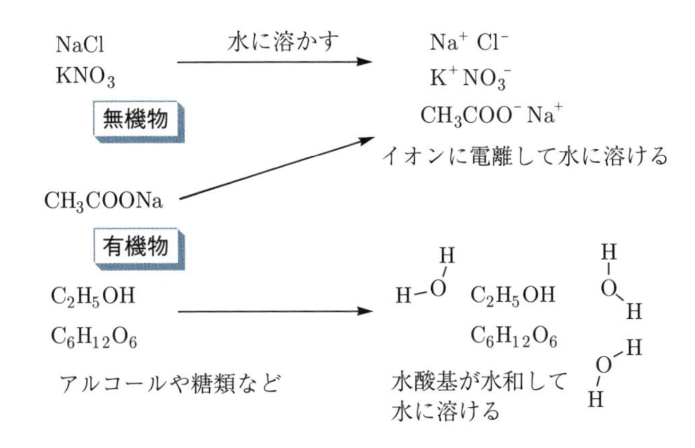

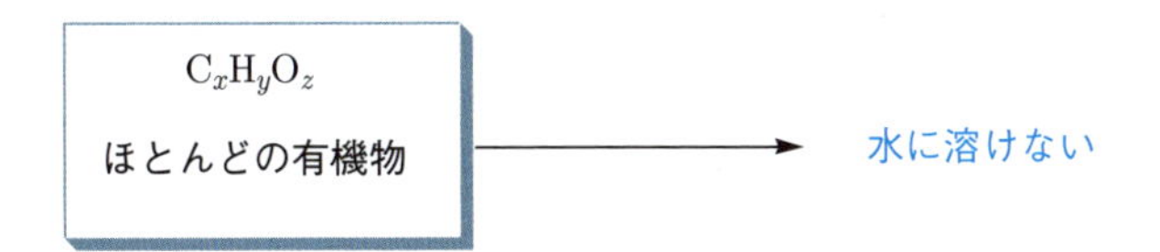

ほとんどの有機化学反応は有機溶媒に溶かして反応させ有機溶媒で抽出するなど，すべて有機溶媒中で処理を行わなければならない．

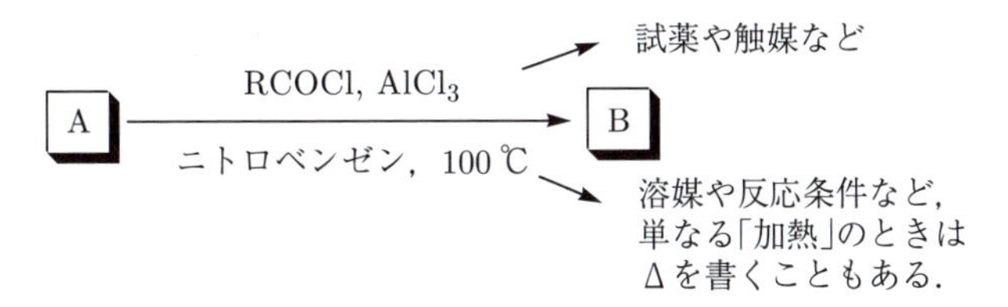

図1.5　有機化合物の特性と有機化学反応式の書き方

1.4 原子と分子

1.4.1 原子の構造

原子は，正の電荷を持つ原子核とその核から一定のところに存在する1個以上の電子からなっている．電子の数は核の陽子の数と同じであり，それが原子番号である．電子は核に最も近いところから半径が順次大きくなる球状の殻に分布している．それらの電子の状態は量子力学の法則で規定されている．その殻は最も小さい殻から**K**, **L**, **M**, … で表されそれぞれに1, 2, 3, …, n の数 (主量子数) が与えられる．その殻を電子で完全に満たすためには，$2n^2$ 個の電子が必要である．したがってK殻には $n = 1$ であるから2個，L殻には $n = 2$ であるから8個が入ることができる．これらの主殻は，さらに電子が満たされる順に s, p, d, f と示される亜殻に分かれる．この順に少しずつ軌道のエネルギー準位は高くなる．これらは電子の最も多く見出だされる場所を示し，曲面軌道で示される．s 軌道は球面で，p 軌道は原子核の両側に膨らんだ亜鈴のような形と考えられている．d, f 亜殻の軌道は複雑であるのでここでは触れない．K 核は s 軌道のみ，L 殻は一つの s 軌道，三つの p 軌道を持っている．この三つの p 軌道は互いに直交していて，三次元配座軸に沿っている． 軌道はそれぞれ $2p_x$，$2p_y$，$2p_z$ 軌道と呼ばれる．この三つの p 軌道はエネルギー準位が同じである．

パウリ (Pauli) の禁制原理：どのような条件下でも，2個の電子が同じ一組の量子数を持つことは出来ない．

また三つの p 軌道は軌道の軸に対して垂直な節平面を持っている．例えば $2p_x$ は yz 平面を持つ．2s と 2p 軌道の形を図 1.6 に示した．各軌道のエネルギーは $1s < 2s < 2p < 3s < 3p < 3d < \cdots$ となる．相対的なエネルギー関係を簡単に図 1.7 に示した．□で軌道を示した．この軌道にそれぞれ最大2個の電子を受け入れることができる．

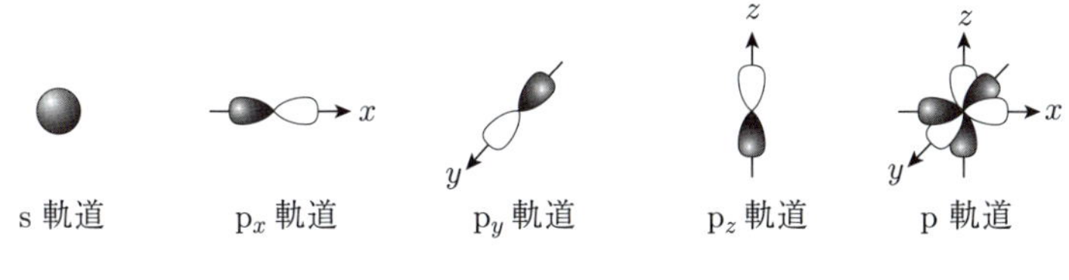

図1.6 s 軌道と p 軌道の形状

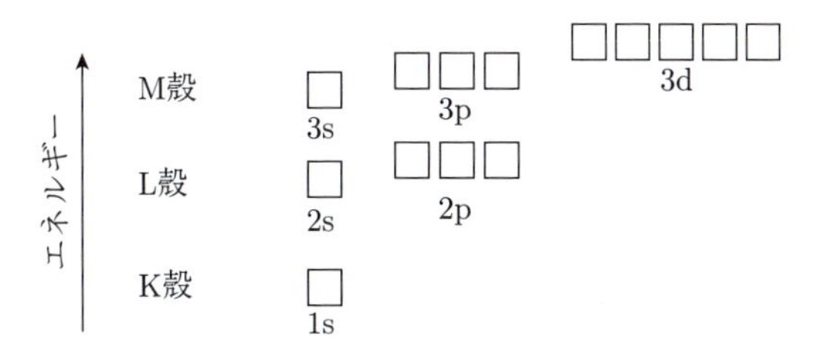

図1.7 それぞれの軌道とエネルギー

表1.1 原子の電子構造

元素記号	原子番号	電子構造	1s	2s	$2p_x$	$2p_y$	$2p_z$
H	1	1s	↑				
He	2	$1s^2$	↑↓				
Li	3	$1s^22s$	↑↓	↑			
Be	4	$1s^22s^2$	↑↓	↑↓			
B	5	$1s^22s^22p_x$	↑↓	↑↓	↑		
C	6	$1s^22s^22p_x2p_y$	↑↓	↑↓	↑	↑	
N	7	$1s^22s^22p_x2p_y2p_z$	↑↓	↑↓	↑	↑	↑
O	8	$1s^22s^22p_x^22p_y2p_z$	↑↓	↑↓	↑↓	↑	↑
F	9	$1s^22s^22p_x^22p_y^22p_z$	↑↓	↑↓	↑↓	↑↓	↑
Ne	10	$1s^22s^22p_x^22p_y^22p_z^2$	↑↓	↑↓	↑↓	↑↓	↑↓

フント (**Hund**) の法則：エネルギー準位の等しい軌道（例えば，p_x，p_y，p_z）に電子が入る場合，電子はできる限り同じ原子軌道に入らない．また，エネルギー準位の等しい同等な軌道に **2** 個の電子が入る場合に，各電子はスピンを対にする．

この2個の電子は逆のスピンを持たねばならない．(スピンを↑と↓で表す) K殻L殻の電子がどのような軌道に入っているかを表 **1.1** に示した．電子は最もエネルギーの低い軌道から入る．つまり2s軌道よりまず1s軌道に入り，2p軌道より2s軌道に入る．また，2個以上の同じエネルギー準位の軌道，例えば $2p_x$，$2p_y$，$2p_z$ 軌道，では複数個の電子が入るとき，まず各軌道に1個ずつ電子が入り，最初は電子対を作らずに入る．このように電子がそれぞれの軌道に順次入っていくと，ヘリウムHe原子でK殻が充填し，さらにL殻が充填したのがネオンNe原子である．どの原子も最外殻にある電子をその原子の原子価電子と呼ぶ．略して価電子ともいう．通常の化学反応にはこの価電子が関与する．He, Neはそれぞれ閉殻構造を持ち，安定した状態の原子である．特に原子価電子が8個を持ったとき最も安定で，8個の電子を周囲に持つような方向に反応していく．これをオクテット則 (octet rule) という．これらのHe, Ne原子は不活性原子，希ガスと言われる．これらの原子の電子配置は，ヘリウムHeは $1s^2$，ネオンNeは $1s^2 2s^2 2p^6$ と表記される．炭素Cは原子番号6の原子で，その基底状態の電子配置は $1s^2 2s^2 2p_x 2p_y$ で示される．Cの価電子は2sと2p軌道の電子で4個である．原子番号1から10までの原子の価電子の状態を表 **1.1** に示した．

1.4.2 イオン結合 (ionic bond)

希ガスHeやNeはその電子配置がK, L殻がすべて充填された電子配置を持ち，特別に安定である．原子番号3のリチウムLiは電子配置が $1s^2 2s$ で，Heより多い1電子がL核に1個だけある．Liは容易に電子を失って，Heと同じ安定な電子配置 $1s^2$ を持つリチウムイオン Li^+ を形成する．同様に フッ素 $\mathbf{F}(1s^2 2s^2 2p_x^2 2p_y^2 2p_z)$ に **1** 電子を与えると，**Ne** と同じオクテットの電子配置を

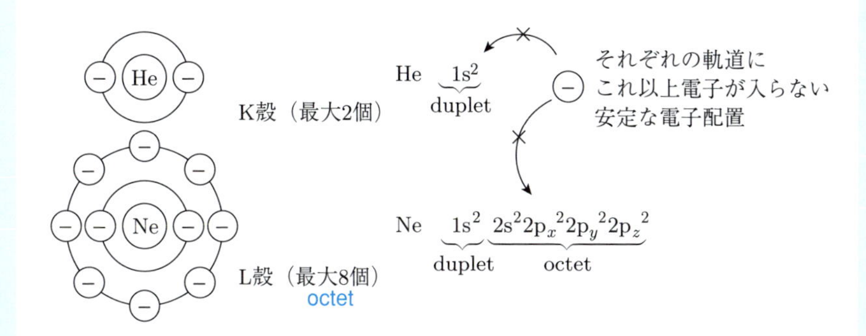

図1.8 オクテット則を取った安定な希ガスの電子構造

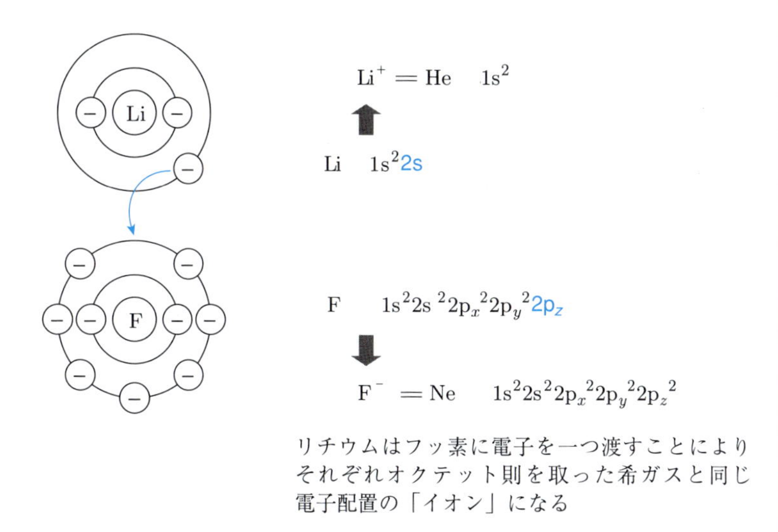

図1.9 リチウムイオンとフッ化物イオンの形成によるイオン結合

ナトリウム Na 原子と塩素 Cl 原子から生成するイオン Na^+ と Cl^- は電子配置がネオン Ne とアルゴン Ar にそれぞれ等しい．

持つようになる．したがって，Li と F とが直接反応すると Li から F に 1 個の電子が移行し対応するイオンを生成する．Li^+ と F^- とはどちらも安定で，互いに静電引力を及ぼす．この静電引力は化学結合の一つの型でありイオン結合と呼ばれる．このように，イオン結合が生成する反応を進める力は，比較的不安定な電子配置が安定なものに変わることから生まれる．またこの結合は生成するイオン間の静電引力に基づいている．

イオン結合の特徴は，分子がそれぞれのイオンに分かれやすいことであり，その水溶液または溶融塩は電気を導くことができる．

1.4.3 共有結合 (covalent bond)

共有結合による化学結合は，二つの原子間で 1 対の電子が共有されることで形成される．先に述べたように，原子は結合したときに希ガス類元素の電子配置をとる．すなわち，最外殻の電子がオクテット (octet) を作る (He では duplet という)．二つの原子間の 1 対の電子はどちらの原子に所属するというのでなく，新しく結合した分子の電子として存在する．このような電子の状態は分子軌道で説明される．まず水素分子で考えてみよう．2 個の水素原子は両原子間にそれぞれの 1 個の 1s 電子軌道の電子を供与し，この 2 個の電子はそれぞれの原子軌道が重なり，元の原子軌道とは異なった新しい分子軌道を生成し，共有電子対を 1 個形成する．共有電子対は各電子がスピンを互いに逆平行に配向して対になっている．この分子軌道は球面軌道でなく，結合軸に沿った円筒形型である．この結合は σ (シグマ) 結合と呼ばれ強固な結合である．共有結合はイオンに分かれないから電気を導かない．

二つの原子軌道からは二つの分子軌道が生成する．二つの分子軌道はエネルギー的に異なっているが，低エネルギーの軌道 (結合性軌道と言う) のみが結合に関与する．エネルギー的に高い位置に存在する反結合性軌道は共有結合に関与しない．

一般には共有結合は，充填されてない原子軌道だけが互いに重なりうる．

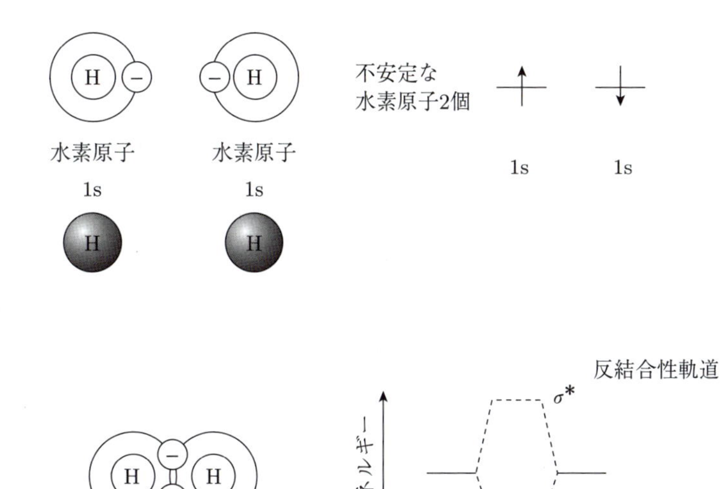

水素原子からそれぞれ一つずつの電子を出しあい，より安定な新しい分子軌道 σ にお互いの電子を逆のスピンで軌道に入れ軌道を満たす．不安定な二個の水素原子の電子が結合性軌道に電子を共有させることにより安定な水素分子が完成する．

図1.10　水素原子2個による水素分子の共有結合

1.5 炭素の結合

1.5.1 炭素Cの結合，σ 結合

炭素の化合物には例えばメタン CH_4，エチレン C_2H_4，アセチレン C_2H_2，ホルムアルデヒド HCHO，ベンゼン C_6H_6 など各種の結合様式の有機化合物がある．これらの化合物中の炭素Cはどのような構造をとっているのだろうか．

メタンは正四面体構造を取り，炭素−水素間はすべて 1.09 Å で角度はすべて 109.5° である．

メタン CH_4 は4本のC−Hの結合を持ち，それらは同じ結合距離 1.09 Å (オングストローム) で化学的に等価である．さらに各結合は四面体の中心から頂点に向かって伸びており，結合角はすべて 109.5° である．

Cの電子配置は $1s^22s^22p_x2p_y$ である．Cの共有結合に関与するのは2p軌道の2個と思われる．これが等価な4本の結合を生成するためには，2s軌道の2個の電子も加わらねばならない．この等価な四つのC−H軌道は次のように考えられる．まず2s電子対の1個を空の $2p_z$ 軌道に上げる (昇位)．このとき電子軌道のエネルギーは少し高くなり，不安定になる．生成した1個の2sと3個の2p軌道を混成し，4個の新しい混成軌道を作る (図 **1.12**)．四つの混成軌道は等価であり，それぞれ1個ずつの電子を配している．四つの混成軌道の電子のエネルギーは昇位したときより低い状態になっている．この軌道を sp^3 混成軌道という (1個のs軌道，3個のp軌道よりなるから)．結果として，4個の sp^3 混成軌道は正四面体の中心から頂点の方向に向いており，CH_4 の実験結果と一致する．

sp^3 軌道は球形の2sと亜鈴型の2pとが混成したものであるから，図 **1.12** のような形をしている．この sp^3 軌道はそれぞれ1電子を持ち，充満していない軌道である．これがHの1s軌道と重なって，電子が2個ずつ対になった，CH_4 の4個のC−H結合ができる．

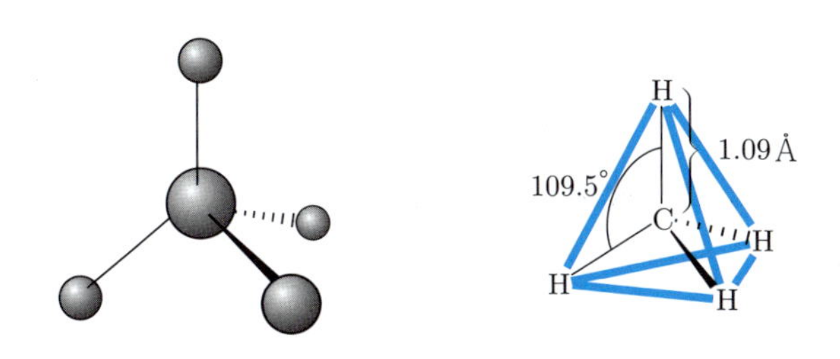

図1.11　メタン(methane)分子の構造

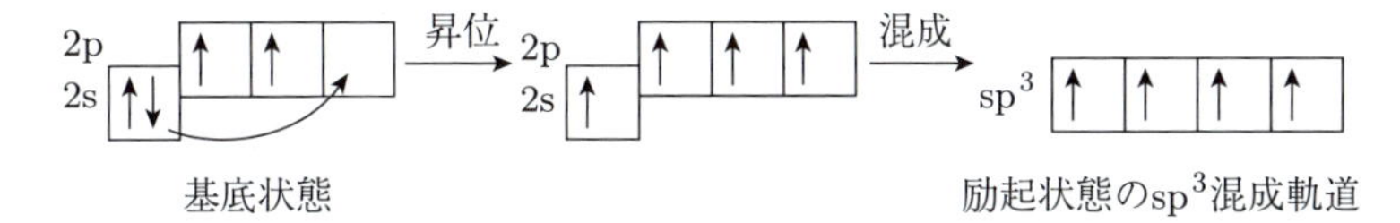

このように軌道エネルギーの低いところから電子が充填された状態を基底状態（ground state）といい，軌道エネルギーの低い軌道から電子がエネルギーを吸収して軌道エネルギーの高い軌道に入り込んだ状態を励起状態（excited state）という．

軌道の変化：p 軌道は結合性軌道を作るためメタンの水素に向かって電子を移動させ，軌道の偏りを作る．

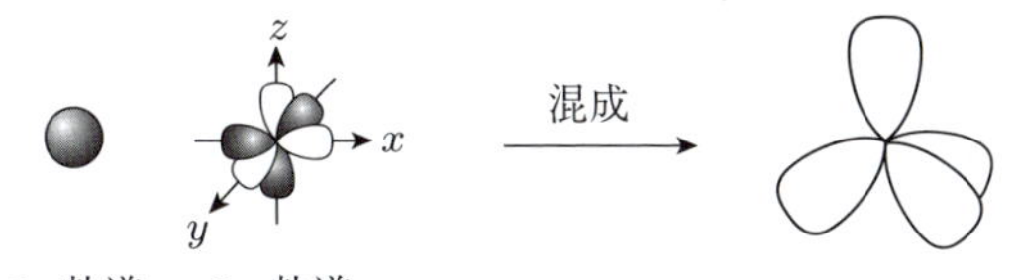

2s 軌道と $2p_x$, $2p_y$, $2p_z$ のそれぞれの軌道が混成し，それぞれの軌道が等価になる．
電子がお互いに接触しない(正四面体)方向に伸びるため互いが成す角度は109.5°となる．

図1.12　炭素の基底状態から励起状態への昇位と sp^3 混成軌道

2個のsp^3軌道が重なると，C−C結合が生成する．このような軌道の末端が重なってできる結合をσ結合というが，長い炭素化合物でもこのようなσ結合から成り立っている．

1.5.2 炭素Cの結合，π結合

エチレンC_2H_4は平面分子である．この分子ではCはどうなっているのだろうか．sp^3混成軌道と同様に昇位，混成を行う．2s電子から昇位した電子を含めて3個の2p軌道のうち2個だけを2s軌道と混成させる．その結果，等価な3個の混成軌道，sp^2混成軌道ができる．p軌道には1個の混成しなかった$2p_z$が残る．

3個のsp^2混成軌道は空間的に等価であるために，正三角形の中心から頂点の方向に向いている．結合は平面で，それぞれが120°の角度で広がっている．混成していない$2p_z$軌道はsp^2軌道の面に直交している．

エチレンはこのsp^2軌道を持つ2個のCの結合により成り立っている．まず2個のsp^2軌道の末端が重なり合って，σ結合が1本できる．残りのsp^2軌道はHの1sとσ結合を生成する．ここに4個のHと2個のCは同一平面上にある．残された$2p_z$軌道は接近して，新しい形のp軌道どうしの側面–側面の重なりが生じる．このような側面が重なり合う結合はσ結合とは違ったものである．これをπ結合と呼ぶ．π結合ではエチレン分子の平面の上下に等しく電子雲が存在する．π結合を形成する電子をπ電子と呼ぶ．このように平面分子のエチレンとπ結合の関係がsp^2混成軌道によって説明される．

次に，アセチレンC_2H_2の構造を考えてみよう．アセチレンは直線状分子で，H−C−C−Hが一直線上にあることが知られている．この場合，Cの昇位した状態から，2sと3個の3pのうちの1個とを混成して，2個の等価な混成軌道，sp混成軌道，を作り，混成しない$2p_y$，$2p_z$軌道が残る．sp軌道は二方向に広がる軌道であるか

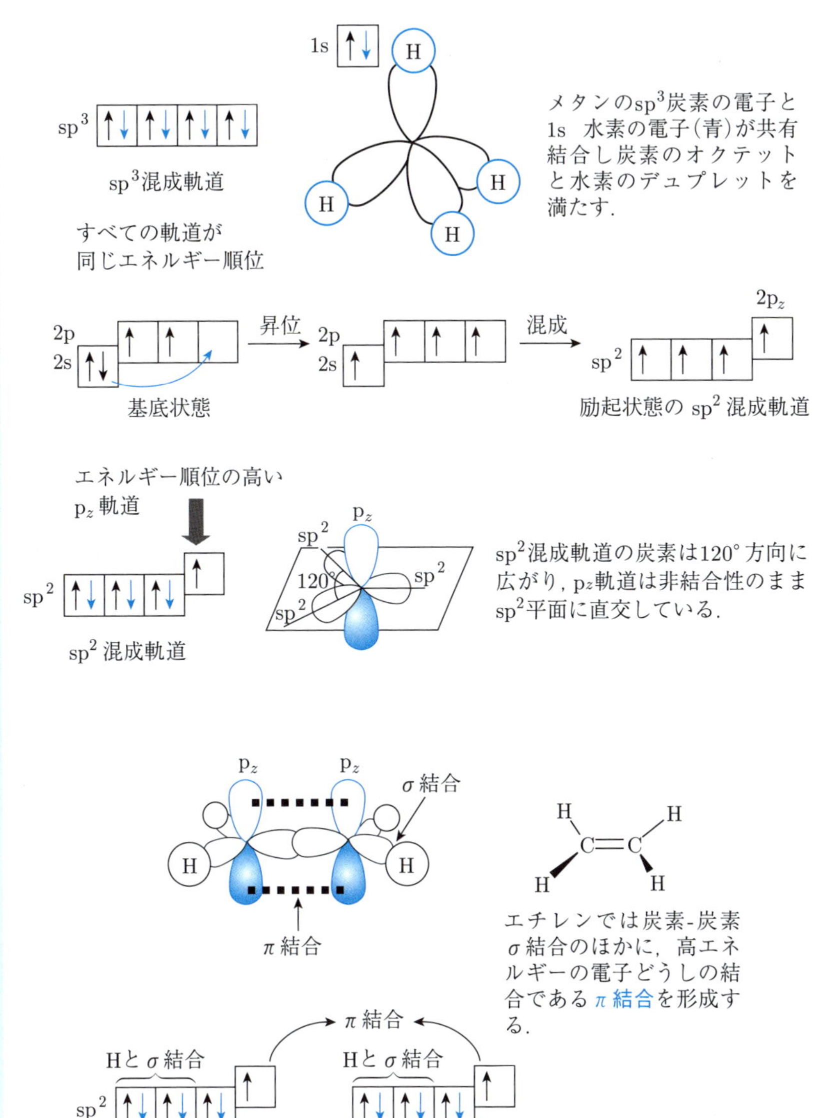

図1.13　メタンの sp^3 混成軌道とエチレンの sp^2 混成軌道

エチレンでは二重結合軸回りに自由回転できない．これがシス-トランス異性体 (3 章) を生じる理由となる．

ら，空間的に必然的に直線状となる．$2p_y$, $2p_z$ 軌道は互いに直角であり，また sp 軌道にも直角となる．アセチレンでは 2 個の C の sp 軌道どうしが重なり合い，C−C 間 σ 結合を形成する．残りの sp 混成軌道は H の 1s 軌道と σ 結合を形成する．$2p_y$, $2p_z$ の二つの p 軌道は σ 結合している相手の $2p_y$, $2p_z$ 軌道と側面どうし重なり合い，エチレンの場合のように，π 結合をする．したがって直交する二つの π 結合が生成する．アセチレンの場合二組の π 結合はあたかも管状の電子雲の広がりの中に 4 個の π 電子が入っているようなものである．

石油化学

今日私達が量的に最も多く利用している有機化合物は炭化水素 (アルカン，アルケン，アルキン，芳香族化合物等) である．それらの炭化水素は主として石油および天然ガスから得られる．天然ガスはメタンが主で分子量の小さい炭化水素 (エタン，プロパン，ブタン等) が含まれている．石油は粘稠な油状液体で通常 C_2 から C_{40} までのアルカンや芳香族炭化水素を含んでいる．石油の成分は分別蒸留によって分離精製される．沸点順に石油ガス (C_1〜C_4)，ガソリン (C_5〜C_{10})，灯油 (C_{11}〜C_{18})，重油 (C_{20}〜)，それに高沸点不揮発性の潤滑油，アスファルトに分けられる．

化学工業では不飽和結合を持つアルケン (3.1 節)，アルキン (3.2 節)，ベンゼン誘導体 (3.4 節) などが有機合成の合成原料として重要である．これらは石油の熱分解反応 (cracking) というプロセスで得られる．長鎖炭化水素の C−C 結合が切断され，炭素鎖の短いアルケン，芳香族化合物が生じる．今日の有機合成化学は石油のクラッキングから始まると言える．

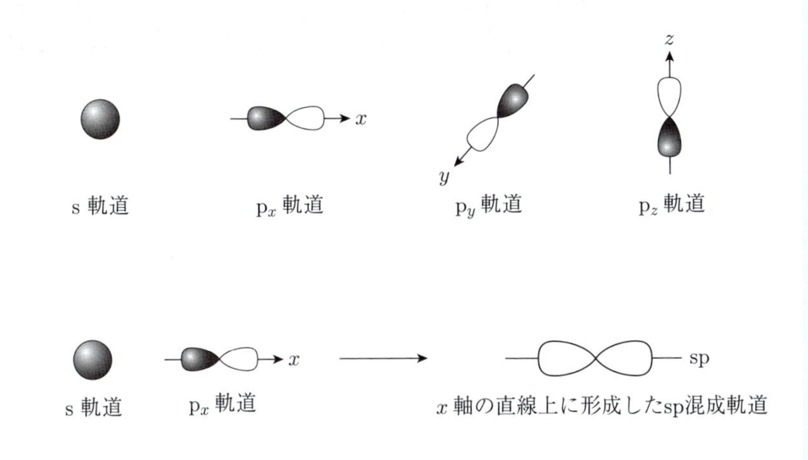

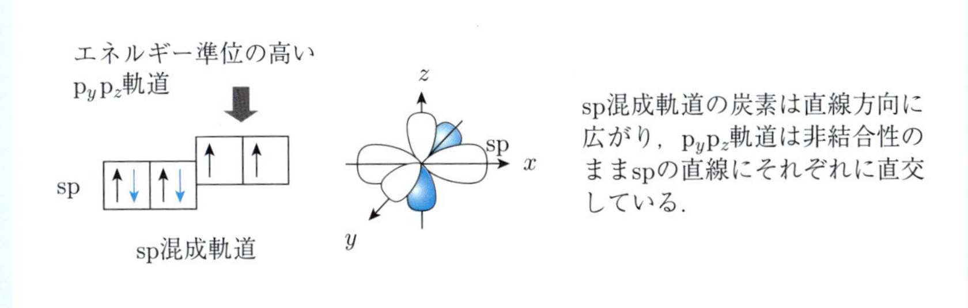

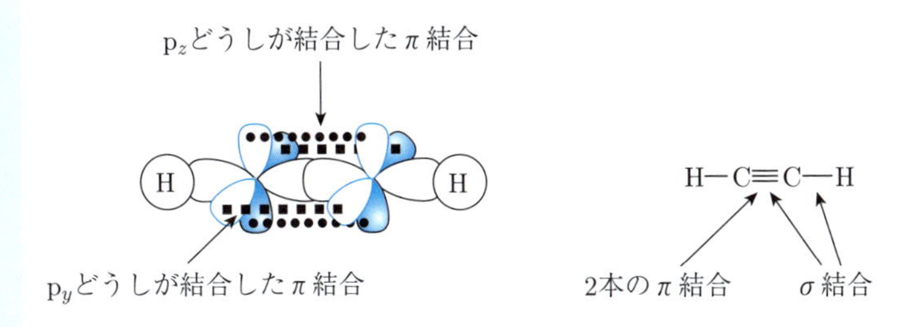

図1.14　アセチレンとsp混成軌道

演 習 問 題
第1章

1 化学反応は式の矢印の上下に必要な項目を書き入れる約束になっている．矢印の上下には何を書くか．

2 それぞれの原子には軌道に入りうる電子の数が決まっている．原子番号1から10までの原子がそれぞれの軌道に入りうる電子の数を各軌道の電子構造を考えて書き入れよ．

3 メタンの基底状態での電子配置はどのようになっているか．励起状態で sp^3 混成軌道を取った場合どのようになっているか．

4 エタンの炭素の混成軌道を書け．

5 エチレンの混成軌道を書け．エネルギー準位の高い p_z 軌道は何結合に利用されているか．

6 アセチレンの炭素の $p_y p_z$ 軌道はどのような位置に配置しているか．

第2章 アルカン

本章の内容

2.1 アルカン

2.1.1 アルカンとは

アルカン (alkane) は脂肪族飽和炭化水素 (aliphatic hydrocarbon) の総称であり，メタン CH_4 はその仲間である．この C−H 結合の間に $-CH_2-$, CH_3- 基が入れば，枝分かれしたアルカンなど多数の仲間ができる．アルカンの構造の記述法の例を図 **2.1** に示した．炭素 4 個のブタン C_4H_{10} からは異性体が存在する．異性体とは分子式は一緒だが構造が異なり，融点や沸点など化学的性質が異なる物質のことである．

2.1.2 アルカンの命名法

有機化合物の命名は IUPAC (International Union of Pure and Applied Chemistry) 規約で決められている．しかし歴史的な伝統を尊重して，慣用名も使われている．

アルカンの系統的命名では分枝のない直鎖アルカンの名前を基礎にする．簡単なアルカンの名称と構造を表 **2.1** に示した．重要なアルキル置換基の名称と構造も表 **2.2** に示した．炭素数 5 個以上ではアルカンの名前には炭素数に対応するギリシャ語の接頭語が使われる．

接頭語
mono=1 di=2
tri=3 tetra=4
penta=5 hexa=6
hepta=7 octa=8
nona=9 deca=10
undeca=11
dodeca=12

IUPAC 規約によるアルカンの命名法は次のようである．

(1) 炭素原子の最も長い直鎖を選び，これを母体炭素鎖とする．長さが等しければ分枝の多いものを選ぶ．

(2) 置換基の位置番号がなるべく小さい数になるように炭素鎖のどちらかから番号を付ける．

(3) 置換基の位置はそれが結合している炭素原子の番号とする．

(4) 置換基は母核の炭素鎖の名前の前に，アルファベット順に付ける．

(5) 同じ置換基が 2 個以上あるときは，その数により接頭語のジ (di = 2)，トリ (tri = 3)，テトラ (tetra = 4) などを用いる．

```
  H   H   H   H
  |   |   |   |
H—C—C—C—C—H
  |   |   |   |
  H   H   H   H
```

ブタン（n-butane）

C_4H_{10}

```
      H
      |
   H—C—H
  H   |   H
  |   |   |
H—C—C—C—H
  |   |   |
  H   H   H
```

イソブタン（isobutane）

図2.1　ブタンの表記方法と異性体

表2.1　直鎖アルカンの命名法

炭素数	分子式	名前		構造式
1	CH_4	メタン	methane	CH_4
2	C_2H_6	エタン	ethane	CH_3-CH_3
3	C_3H_8	プロパン	propane	$CH_3-CH_2-CH_3$
4	C_4H_{10}	ブタン	butane	$CH_3-CH_2-CH_2-CH_3$
5	C_5H_{12}	ペンタン	pentane	$CH_3-(CH_2)_3-CH_3$
6	C_6H_{14}	ヘキサン	hexane	$CH_3-(CH_2)_4-CH_3$
7	C_7H_{16}	ヘプタン	heptane	$CH_3-(CH_2)_5-CH_3$
8	C_8H_{18}	オクタン	octane	$CH_3-(CH_2)_6-CH_3$
9	C_9H_{20}	ノナン	nonane	$CH_3-(CH_2)_7-CH_3$
10	$C_{10}H_{22}$	デカン	decane	$CH_3-(CH_2)_8-CH_3$
11	$C_{11}H_{24}$	ウンデカン	undecane	$CH_3-(CH_2)_9-CH_3$
12	$C_{12}H_{26}$	ドデカン	dodecane	$CH_3-(CH_2)_{10}-CH_3$

表2.2　重要なアルキル置換基

アルキル基		構造
メチル	methyl	CH_3-
エチル	ethyl	CH_3-CH_2-
n-プロピル	n-propyl	$CH_3-CH_2-CH_2-$
イソプロピル	isopropyl	$CH_3-CH(CH_3)-$

2.1.3 アルカンの立体配座 (conformation)

エタン分子はC−C結合がsp^3混成軌道の結合によるσ結合であるから，結合軸の回転が自由である．このC−C結合軸の回転に伴い，二つのC原子に結合するH原子の相対的位置が異なる立体構造が可能である．こうした立体構造を立体配座 (conformation) といい，その様子はニューマン (**Newman**) 投影図で示される．投影図は結合軸のほうから分子を眺め，エタンの二つのCが重なるように見る．H原子はそれぞれのC原子から120°の角度で伸びている．この姿を紙面に投影して示したものがニューマン投影図である．この表示法で炭素結合を軸とする回転を見てみると，図 **2.2** のように手前のCを60°回転させると，ねじれ形から重なり形へと，空間配座の一端を見ることができる．重なり形はエネルギーが高く不安定である．水素が他のアルキル基に置換すると重なりを避けた配座をとるようになる．

炭素の立体配座を見る場合ニューマン投影図が便利である．

2.1.4 アルカンの表示方法

アルカンはsp^3炭素を中心に正四面体方向 (1.5節) にσ結合を伸ばしている．これを平面の紙上で表記するためにさまざまなルールがある．紙面手前に伸びた軸を太線に紙面裏側に伸びた軸を点線で書く．またフィッシャー (**Fischer**) 投影式では上下方向は紙面奥に左右方向は紙面手前に伸びているものと考える．

3-メチルヘキサンをルールに従って表記した場合二通りの異性体を書くことができる．この両者は一見同じように見えるかもしれないが，実際は重ね合わすことのできない別の物質である．この両者を光学異性体と呼び，その中心となる炭素を不斉炭素と呼ぶ．不斉炭素には一般に∗を付け不斉であることを強調するのが普通である．光学異性体の両者は融点や沸点などは全く一緒であるが，旋光度などが異なる．詳しくは10章に紹介されている．

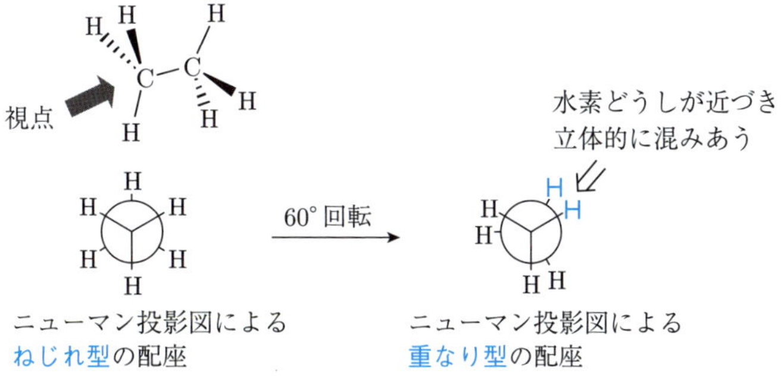

図2.2 エタンの立体配座

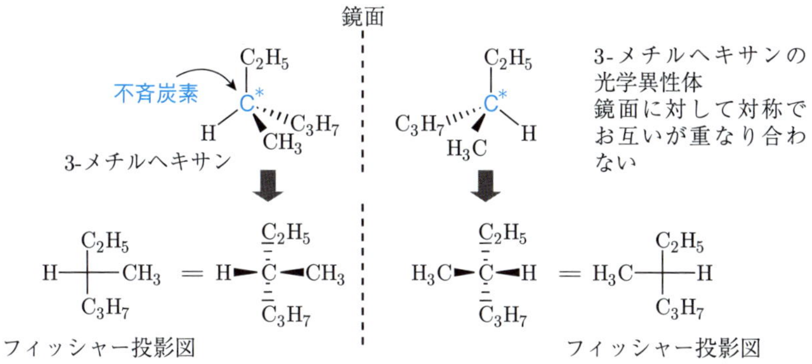

図2.3 光学異性体とフィッシャー投影図

2.1.5 アルカンの性質

アルカンには特別な官能基がないため反応性に乏しい．塩素ラジカルが最も代表的なアルカンとの反応試薬である．

アルカンの物理的性質は表 **2.3** に示した．

- アルカンはすべて水に不溶で有機溶媒に可溶である．無色でほとんど無臭である．
- アルカンはほとんどの化学試薬と反応性を示さないが，条件しだいでハロゲンおよび酸素と反応する．
- 酸素との反応は燃焼反応であり，大きな熱エネルギーを放出する．
- ハロゲンとの反応 (4 章図 **4.3**) はハロゲン化反応と言われ，工業的に重要である．この反応は熱または紫外線照射によって開始され，水素がハロゲン原子で置換される．ハロゲン化の反応機構は 3 段階からなり，① 開始反応 (開始段階)，② 成長反応 (継続段階)，③ 停止反応 (終結段階) である．

ハロゲンとして塩素分子を考えてみる．① 開始反応で塩素の σ 結合が解裂して塩素ラジカルを生成する．このように共有結合している原子が，その共有結合電子を 1 個ずつ保持するように結合が切断されて生じる中間体をラジカルという．ラジカルは一般に非常に活発な反応中間体である．② 成長反応で，塩素ラジカルがアルカンから水素原子を引き抜き，アルキルラジカルを生成する．アルキルラジカルは塩素分子と反応し，塩化アルキルと塩素ラジカルを発生させる．この段階は何回も継続する．したがってこの反応を連鎖反応といい，試薬の一つがなくなるまで続く．③ 停止反応は開始反応の逆と見られ，反応中に生成したラジカルどうしが再結合して，活性なラジカルが消滅する (図 **2.5**)．

一方，カルボカチオンやカルボアニオンは孤立電子対 (lone pair) がどちらかの原子に移った結果生じる．カチオン (cation) は結合電子対を失い，アニオン (anion) は電子対を得たほうである．これをイオン解離と呼び，今後，この電子の流れを矢印で表す．

表2.3　アルカンの物理的性質

化合物名	融点(℃)	沸点(℃)	比重	三態
メタン	−182.6	−161.4		気体
エタン	−183.3	−88.6		
プロパン	−189.7	−42.1	0.5005	
ブタン	−135.4	−0.5	0.5788	
ペンタン	−129.7	36.1	0.6262	液体
ヘキサン	−95	69.0	0.6603	
オクタデカン ($C_{18}H_{38}$)	28.2	316.1	0.7768	固体

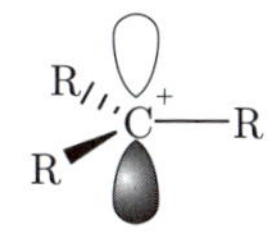

正電荷を持つ
カルボカチオン
(sp²混成の平面構造)

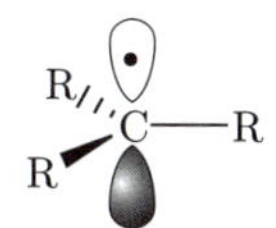

電子一つを持つ
炭素ラジカル
(sp²混成)

負電荷を持つ
カルボアニオン
(sp³混成の正四面体構造)

図2.4　化学反応で主となる活性な反応中間体

開始段階

$$\mathrm{Cl{-}Cl} \xrightarrow[\text{紫外線}]{\text{加熱または}} 2\mathrm{Cl}^{\bullet}$$

成長段階

$$\mathrm{Cl}^{\bullet} + -\overset{|}{\underset{|}{\mathrm{C}}}-\mathrm{H} \longrightarrow -\overset{|}{\underset{|}{\mathrm{C}}}{}^{\bullet} + \mathrm{Cl{-}H}$$

$$-\overset{|}{\underset{|}{\mathrm{C}}}{}^{\bullet} + \mathrm{Cl{-}Cl} \longrightarrow -\overset{|}{\underset{|}{\mathrm{C}}}-\mathrm{Cl} + \mathrm{Cl}^{\bullet}$$

停止段階

$$2\mathrm{Cl}^{\bullet} \longrightarrow \mathrm{Cl{-}Cl}$$

$$2\,-\overset{|}{\underset{|}{\mathrm{C}}}{}^{\bullet} \longrightarrow -\overset{|}{\underset{|}{\mathrm{C}}}-\overset{|}{\underset{|}{\mathrm{C}}}-$$

$$-\overset{|}{\underset{|}{\mathrm{C}}}{}^{\bullet} + \mathrm{Cl}^{\bullet} \longrightarrow -\overset{|}{\underset{|}{\mathrm{C}}}-\mathrm{Cl}$$

図2.5　アルカンのラジカルを経由する塩素化の反応機構

$$\mathrm{A{-}B} \longrightarrow \mathrm{A}^{+} + \mathrm{B}^{-}$$ イオン解離 (Heterolysis)

$$\mathrm{A{-}B} \longrightarrow \mathrm{A}^{\bullet} + \mathrm{B}^{\bullet}$$ ラジカル解離 (Homolysis)

図2.6　共有結合の解離

演 習 問 題
第2章

1 次の化合物の名称を示せ.

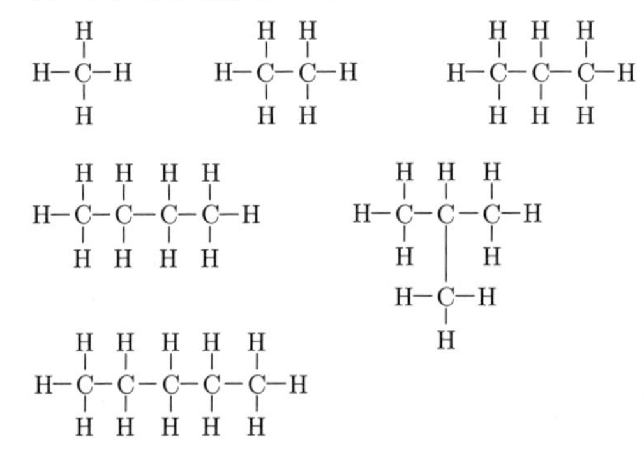

2 エタンにおけるねじれ型の配座と重なり型の配座をニューマン投影図を用いて示せ.

3 メタンは sp^3 混成軌道を持ち，それぞれの水素の成す角は 109.5° となる正四面体構造を取っているが，このメタン分子の水素がすべて異なる置換基に置換した場合，この炭素を何と呼ぶか．また，この分子には重ね合わすことのできないもう一つの異性体が存在する．この異性体の関係を何と呼ぶか.

第3章

アルケン

本章の内容

3.1 アルケン

3.1.1 アルケンとは

アルケンとはアルカン (脂肪族飽和炭化水素) の炭素-炭素 σ 結合の一部が不飽和二重結合 (π 結合) に換わったものを指す．広義には脂肪族炭化水素に限らず，他の官能基を持っている有機物のうち C=C 二重結合部を指してアルケンと呼ぶ．

3.1.2 アルケンの命名法と構造

アルケンには置換様式により，シス体，トランス体などのシス-トランス異性体を生じる．

アルケンの命名法はアルカンの命名法に準じ，二重結合を持つ位置を数字で示し，アルカンの語尾 (アン -ane) を (エン -ene) に変える．

アルケンは π 結合を持ちそれぞれの置換基は sp^2 混成軌道の平面上に広がっており，アルカンのように σ 結合まわりに自由回転できないため，アルケンに置換した置換基により異性体 (シス-トランス異性体) を生じる．四つの置換位置のうち，二重結合に対し置換基が同じ側ならシス (cis) 体，反対側ならトランス (trans) 体と呼ぶ．

また，エタンの炭素-炭素一重結合距離は 1.53 Å であるのに対し，エチレンの炭素-炭素二重結合距離は 1.34 Å と短くなっており，より強く結合していることがわかる．

3.1.3 アルケンの性質

アルケンは不飽和二重結合を持つため，アルカンに比べて極めて反応性に富む．二重結合には π 電子があるため，電子不足の試薬 (求電子試薬) と反応しやすい．不飽和二重結合は不安定な官能基のため，付加反応を受けやすく容易に単結合となる．アルケンもアルカン同様非常に極性の低い化合物である．アルケンは重合しやすい性質を持つため高分子 (14.4 節) 合成において重要であり，その他工業原料として多く用いられている．

表3.1　アルケンの命名法

	慣用名	IUPAC名
H　H C=C H　H	エチレン ethylene	エテン ethene
H　H C=C H　CH_3	プロピレン propylene	プロペン propene
H　H C=C H　CH_2-CH_3		1-ブテン 1-butene

H　H H
C—C
H CH_3　CH_3

ブタンはアルカンなので
σ結合回りに自由に回転
できる．シス–トランス
異性体はない

H　CH_3
C=C
H_3C　H

trans-2-ブテン
二重結合の
反対側にメチル基

シス–トランス
異性体
←→

H　H
C=C
H_3C　CH_3

cis-2-ブテン
二重結合の
同じ側にメチル基

図3.1　アルケンのシス–トランス異性体

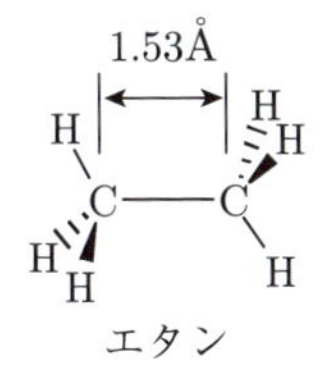

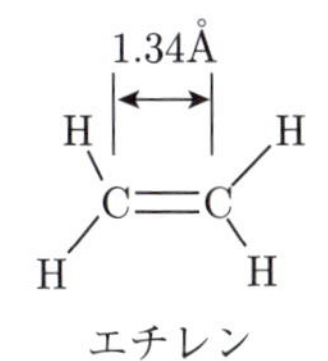

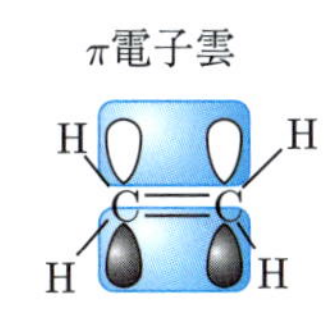

図3.2　エチレンの構造

3.1.4 アルケンの合成

●アルコールの脱水

アルコール(5.1節)はヒドロキシ基を有する有機化合物である．アルコールは濃硫酸など酸性の試薬により脱水(水分子の脱離)を伴い炭素−炭素二重結合を形成する．一般に酸は水素イオン(プロトン H^+)を放出する(アレニウスの酸塩基の定義)ため，硫酸はこの反応において酸触媒として作用し，ヒドロキシ基の酸素の非共有電子対に水素イオンを付加させ硫酸は共役塩基の硫酸水素イオンとなる．水素イオンが結合し，ヒドロキシ基はオキソニウムイオンとなり脱離性が良くなる．

アレニウスは水中で電離して水素イオンを放出するものを酸，水酸化物イオンを放出するものを塩基と定義した．またブレンステッドはこの定義を拡大し，水素イオンを受け取る物質を塩基と定義した．

このオキソニウムイオンから水(H_2O)が脱離し，カルボカチオン(炭素陽イオン)が生成する．続いてカルボカチオンの隣りの水素がプロトンとして脱離しアルケンが生成する．この反応は酸触媒脱水反応と呼ばれるが，中間体のカルボカチオンの生成が反応速度を決める(律速段階と呼ぶ)ため **E1** 反応と呼ばれる．

窒素や酸素原子のうち，σ 結合に参加しない電子対を孤立電子対と呼ぶ．

●ハロゲン化アルキルの脱ハロゲン化水素

ハロゲン化アルキル(4章)を塩基存在下で，脱ハロゲン化水素することによりアルケンが得られる．脱離反応により得られるアルケンは二重結合の四つの結合位置に“よりアルキル置換基が多い”化合物が優先して得られる．(ザイツェフ(**Saytzeff**)則) これはよりアルキル置換基が多いアルケンが安定(熱力学的に安定という)であるためである．塩基を用いた脱ハロゲン化水素反応は塩基がハロゲンの β 位の水素を攻撃するため反応速度は2分子の濃度に関与するため **E2** 反応と呼ばれる．

有機化学反応では屈曲矢印を用いる．この矢印は電子の移動を表し，電子豊富なものから電子不足の方に矢印が移動する．

●その他の合成法

アルキン(3.2節)の部分還元やウィッティッヒ反応(6.2節)などがある．

表3.2　元素の電気陰性度

H 2.2						
Li 0.98	Be 1.57	B 2.04	C 2.55	N 3.04	O 3.44	F 3.98
Na 0.93	Mg 1.31	Al 1.61	Si 1.90	P 2.19	S 2.38	Cl 3.16
K 0.82	Ca 1.00					Br 2.66

$$H_2SO_4 \rightleftharpoons H^+ + HSO_4^-$$

硫酸　水素イオン（プロトン）　硫酸水素イオン（硫酸の共役塩基）

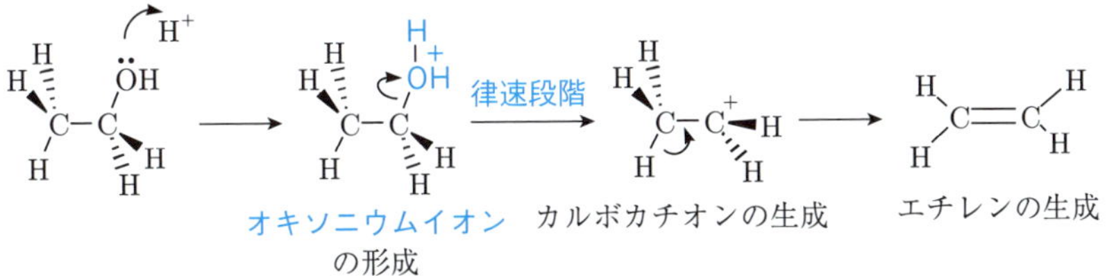

律速段階

オキソニウムイオンの形成　カルボカチオンの生成　エチレンの生成

図3.3　アルコールの脱水によるアルケンの合成
カルボカチオン生成が律速段階となる
酸触媒E1（Elimination, unimolecular）反応

$CH_3-CH_2-CHCl-CH_3$ $\xrightarrow{OH^-}$

2-クロロブタン
（1位と3位がβ位）

β位　α位　β位

a: $CH_3-CH_2-CH=CH_2$　1-ブテン

b: $CH_3-CH=CH-CH_3$　2-ブテン
優先して生成

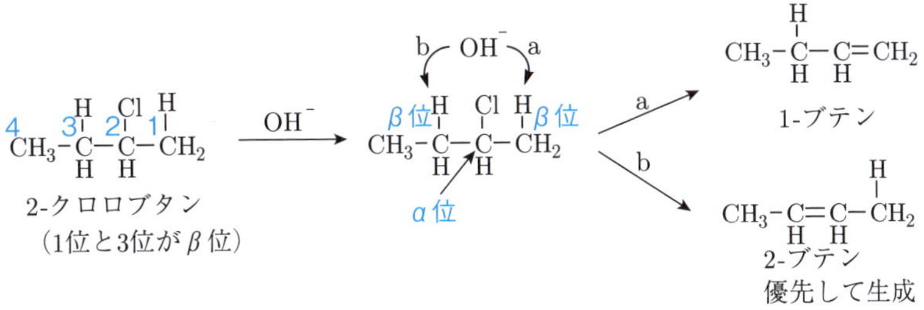

図3.4　ハロゲン化アルキルの脱ハロゲン化水素によるアルケンの合成
反応速度は2分子の濃度に依存するE2（Elimination, bimolecular）反応

3.1.5 アルケンの反応

●ハロゲン化水素の付加 ハロゲン化水素は電気陰性度の偏りのため，水素が+にハロゲンが−に分極している(δ^+, δ^- と呼ぶ)．プロトン(H^+)は電子豊富なアルケンの π 電子を求めて接近する．次にプロトンが結合すると π 結合が切断されてアルキル炭素上にカルボカチオン(2章)が生じる．カルボカチオンはオクテット則を満たしておらず不安定な中間体である．カルボカチオンは電子不足な化学種である．このため水素原子に比べ電子を押し出す性質(電子供与性)の強いアルキル基が，より置換されたカルボカチオンが安定である．よってより級数が高い(アルキル基の置換基の多い)カルボカチオンができるようにプロトンが付加をして π 結合が切断される．このカルボカチオンにハロゲン化物イオンが結合するため，ハロゲン化水素の付加ではより級数の高いハロゲン化アルキルが生成する．この法則をマルコフニコフ(**Markovnikov**)則と呼ぶ．HBrの光照射反応などラジカル反応ではこれに従わない(アンチマルコフニコフ則)反応もある．

この反応では求電子試薬ではなく，ブロモラジカルが π 結合を攻撃するため，より安定な中間体を形成するがその形が求電子試薬の場合と逆になるためアンチマルコフニコフ配向となる．

HBr だけは光反応や過酸化物存在下にアルケンにラジカル反応で付加することが知られており，この場合反対の方向から付加をする(アンチマルコフニコフ則)．

●水の付加 アルケンと水を室温で直接混ぜても反応しないが，アルケンに硫酸を付加させると硫酸水素アルキルを経てアルコールが得られる．この場合，マルコフニコフ則に従ったアルコールが生成する．アンチマルコフニコフ則に従って，水をアルケンに付加させる方法としてアルケンをいったんジボラン(B_2H_6)でハイドロボレーションさせ，アルキルホウ素化合物とし，続いて過酸化水素(H_2O_2)で酸化する合成法が知られている．

ボランはルイス酸として働き，π 電子に対し B−H が同一方向(シン)から反応し，アルキル基の級数の低いほうに **B** が結合する．

●水素の付加 アルケンに白金やニッケルなどの金属触媒を用い，水素を添加するとアルカンとなる．触媒反応の場合，触媒表面に付着した水素原子が π 結合の同一面に付加するのでシン(**syn**)付加，水素化体が生成するこの反応をシン付加反応と呼ぶ．

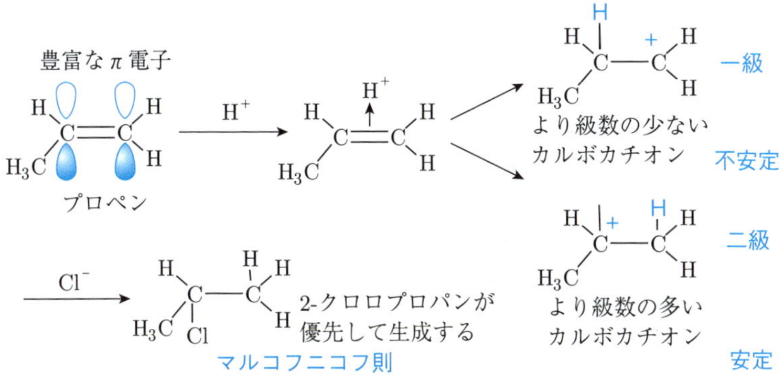

豊富なπ電子

H C C H
H_3C H
プロペン

H^+

H^+
H C C H
H_3C H

H
H C C H
H_3C + H
より級数の少ないカルボカチオン　一級　不安定

H H
H + C C H
H_3C H
より級数の多いカルボカチオン　二級　安定

Cl^-

H H
H C C H
H_3C Cl H
2-クロロプロパンが優先して生成する

マルコフニコフ則

図3.5　ハロゲン化水素のアルケンの付加反応

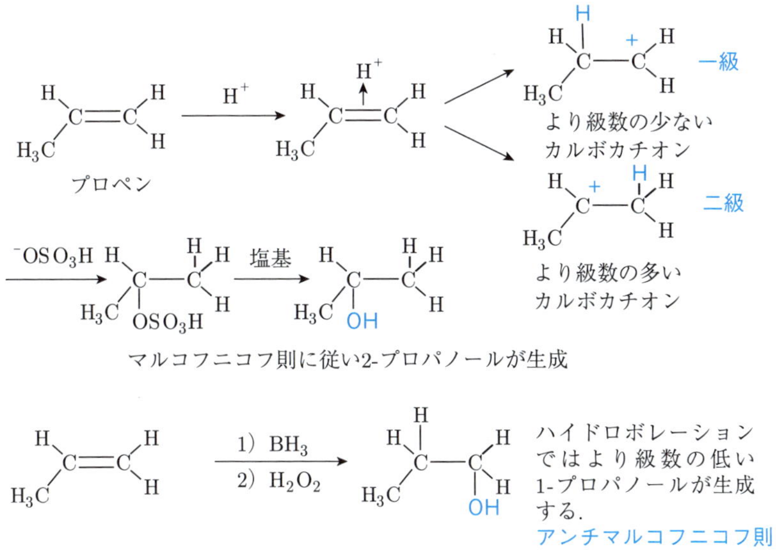

H C C H
H_3C H
プロペン

H^+

H^+
H C C H
H_3C H

H
H C C H
H_3C + H
より級数の少ないカルボカチオン　一級

H H
H + C C H
H_3C H
より級数の多いカルボカチオン　二級

$^-OSO_3H$

H H
H C C H
H_3C OSO_3H H

塩基

H H
H C C H
H_3C OH H

マルコフニコフ則に従い2-プロパノールが生成

H C C H
H_3C H

1) BH_3
2) H_2O_2

H
H C C H
H_3C OH H

ハイドロボレーションではより級数の低い1-プロパノールが生成する.

アンチマルコフニコフ則

図3.6　アルケンの水和反応

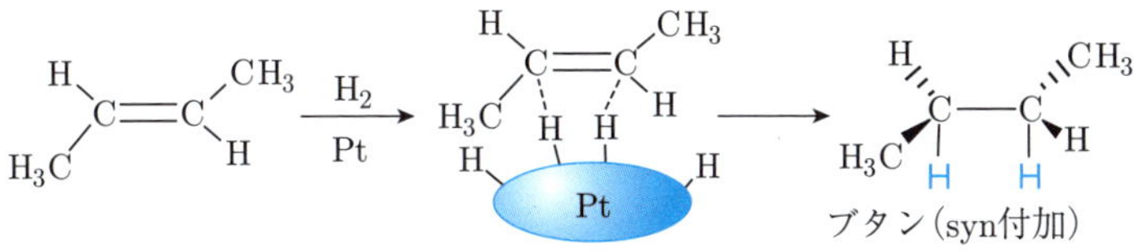

H C C CH_3
H_3C H

H_2
Pt

H C C CH_3
H_3C H H H
H Pt H

H C C CH_3
H_3C H H H

ブタン(syn付加)

図3.7　アルケンの水素付加反応

3.2 アルキン

3.2.1 アルキンとは

アルキン (alkyne) とはアルケンの炭素–炭素間に π 結合がさらに加わり，不飽和三重結合となったものを指す．

3.2.2 アルキンの命名法と構造

アルキンは三重結合を持つ化合物で，アルカンの基本命名法の三重結合の結合位置を数字で示し，語尾に-yneを付ける．

アルキンの命名法はアルケンの命名法に準じ，三重結合を持つ位置を数字で示し，アルケンの語尾 (エン) を (イン -yne) に変える．

アセチレンはsp混成軌道のためにs性が高く，C–H結合の電子は炭素に近づくためプロトンを放出しやすい．

アルキンはsp混成軌道を有するため，互いに直交する二つの π 結合を持ち (1.5節)，直線構造をとる．また三重結合を有するため，アルケンからさらにC–C間の距離は短くなり 1.21 Å となる．

sp混成軌道では電子をより引き寄せやすい働きがあるので，アセチレンの炭素原子はプロトンを放出しやすくアルケンやアルカンに比較して酸性度 (3.1節) が高い．

3.2.3 アルキンの性質

アルキンもアルケン同様不飽和結合を有するため，アルカンに比べ反応性に富む．求電子付加反応においては三重結合一つあたり2分子の付加をすることを除いてはアルケンへの付加とよく似ている．条件を選べば付加反応を1分子で制御することができ，アルケンで反応を止めることができる．

3.2.4 アルキンの合成

●隣接ジハロゲン化アルキルの二分子のハロゲン化水素の脱離反応

アルケンにハロゲンを付加させると隣接ジハロゲン化アルキルが生成する．これに強アルカリのアルコール性KOHで処理すると脱ハロゲン化水素しハロアルケンが生成する．さらにより強塩基の $NaNH_2$ で処理するとさらにもう一分子のハロゲン化水素が脱離しアルキンが生成する．

表3.3　アルキンの命名法

	慣用名	IUPAC名
H−C≡C−H	アセチレン acethylene	エチン ethyne
$H-C\equiv C-CH_3$		プロピン propyne
$H-C\equiv C-CH_2-CH_3$		1-ブチン 1-butyne

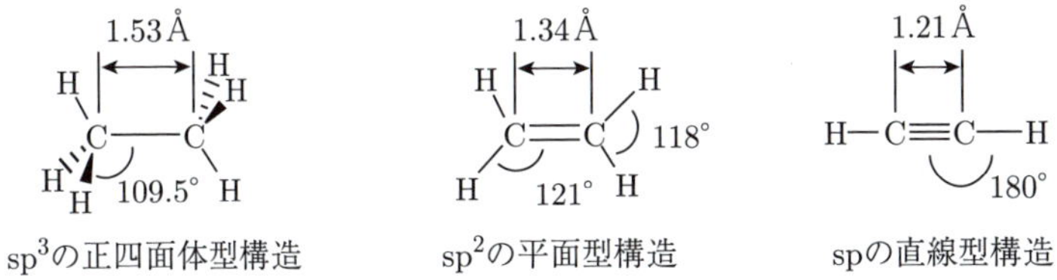

図3.8　エタン，エチレン，アセチレンの構造

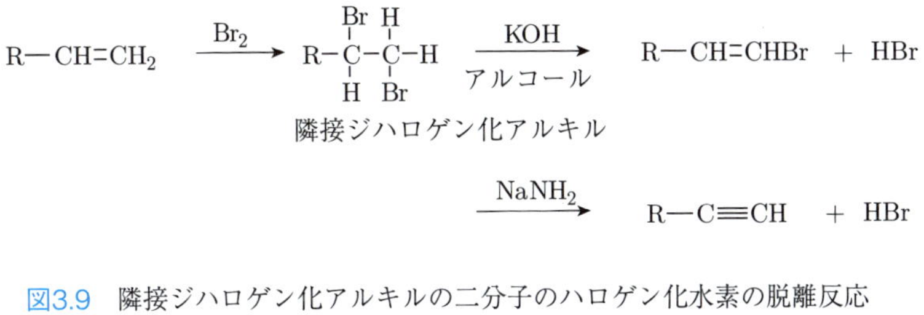

$$R-CH=CH_2 \xrightarrow{Br_2} R-CHBr-CH_2Br \xrightarrow[\text{アルコール}]{KOH} R-CH=CHBr + HBr$$

隣接ジハロゲン化アルキル

$$\xrightarrow{NaNH_2} R-C\equiv CH + HBr$$

図3.9　隣接ジハロゲン化アルキルの二分子のハロゲン化水素の脱離反応

●**アセチレン水素とアルキル基の置換反応** 末端アセチレンを強塩基であるナトリウムアミドと処理するとアセチレンは水素イオンを放出し共役塩基のナトリウムアセチリドとなる．これに一級アルキルハライドを加えるとアルキル置換アセチレンとなる (求核置換反応).

負の電荷を持った原子や原子団が，電子不足の炭素を攻撃し，脱離基と置換反応を起こす反応を求核置換反応と呼ぶ.

3.2.5 アルキンの反応

● **Br_2, HBr の付加反応** アルキンはアルケンよりも歪みエネルギーが大きいため，アルケンよりも反応性が高い．Br_2 や HBr を過剰に用いると，2分子がアルキンに付加し，対応する付加生成物を与える．付加反応はマルコフニコフ則 (3.1節) に従い，より級数が大きい付加生成物が得られる．HBr の付加では同一炭素に二つの臭素が付加する.

付加反応はアルケンと同じくマルコフニコフ則に従う.

● **H_2 の付加反応** アルキンへの通常の水素添加反応 (水素の付加) では，2分子の水素が付加し，アルカンが生成する．リンドラー (Lindlar) 触媒と呼ばれる活性をわざと低下させた触媒を用いることで付加する水素を1分子に制限できる．このとき，水素の付加はシン型で進行するのでシスアルケンが生成する．水素の付加は還元反応である.

●**アルキンの水和反応** アルキンはアルケンと同様に水和反応を行う．水銀イオンを触媒とした硫酸で硫酸付加反応が起こるが，硫酸水素アルキルを加水分解する段階で生成するアルコール (アルケンの -ene とアルコールの -ol でエノールと呼ばれる) は素早く異性化しケトンとなる．この異性化はケト–エノール互変異性と呼ばれる．また同様にハイドロボレーション反応では異性化しアルデヒドとなる (6章で詳しく述べる).

環境に配慮した合成

昔はアセチレンの水銀イオンを触媒とした水和反応でアセトアルデヒドが大量に合成されたが，このとき副生する有機水銀化合物が水俣病の原因となった.

有機水銀化合物や水銀イオンは猛毒であるため，実験室でも工場でも有機合成に使われることはない.

$$R{-}C{\equiv}C{-}H \xrightarrow{NaNH_2} R{-}C{\equiv}C^{-}\,Na^{+} \xrightarrow{CH_3{-}CH_2{-}Br} R{-}C{\equiv}C{-}CH_2{-}CH_3$$

図3.10　ナトリウムアセチリドの求核置換反応

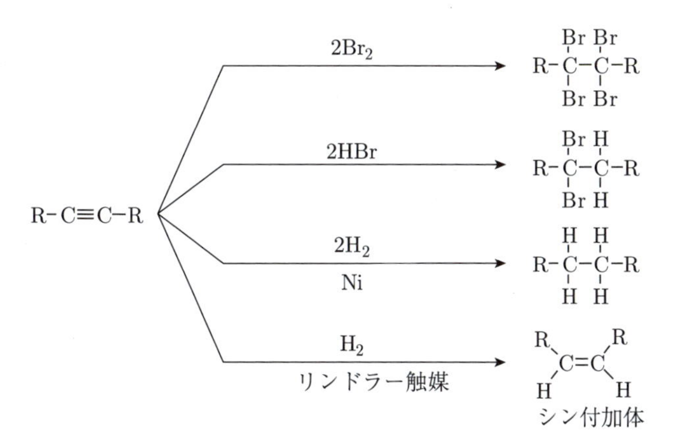

図3.11　アルキンへの付加反応

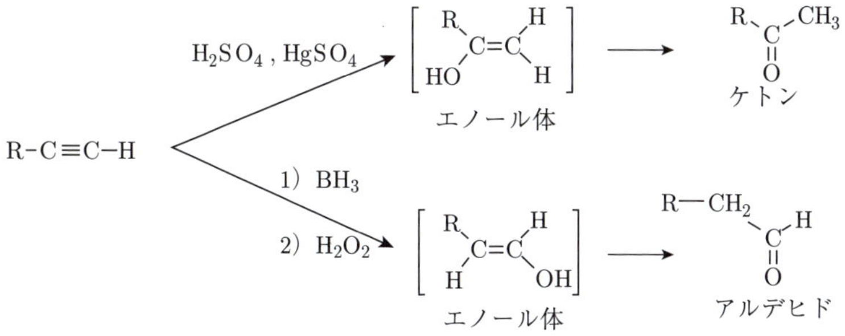

$R{-}C{\equiv}C{-}H$

H_2SO_4, $HgSO_4$ → [エノール体 (R(HO)C=CH_2)] → ケトン ($R{-}C({=}O){-}CH_3$)

1）BH_3 2）H_2O_2 → [エノール体 (R(H)C=C(H)OH)] → アルデヒド ($R{-}CH_2{-}C({=}O){-}H$)

図3.12　アルキンの水和反応

3.3　共役アルケン

3.3.1　共役アルケンとは

アルケンの二重結合が間に一重結合を一つ介して次の二重結合と隣り合わせたものを共役アルケンと呼ぶ．アルケンが二つの場合共役ジエンと呼ぶ．共役ジエンではπ電子が一ヶ所 (局在化すると言う) にとどまらず，ジエン全体にπ電子雲が広がる (非局在化すると言う) ことが知られており，普通のアルケンとは性質や反応性が異なる．

共役ジエンのπ電子は非局在化しており，臭素の付加生成物も2種類の生成物が得られる．

3.3.2　共役ジエンの反応

●臭素の付加反応

共役ジエンでもアルケンと同様に付加反応を起こす．しかし共役することにより電子は非局在化するため，通常のアルケンの付加生成物と異なってくる．1,3-ブタジエンの臭素付加の場合，最初により級数の多い安定なカチオンとして3位にアルキルカチオンが生じる．このカチオンは非局在化しているため，1位と3位のどちらにも存在しうる (共鳴構造)．臭素アニオンはどちらにも付加しうるので1,4-ジブロモ体と3,4-ジブロモ体の両者が得られる．前者を1,4-付加，後者を1,2-付加と呼ぶ．

●ディールス－アルダー (Diels-Alder) 反応

共役ジエン類の特徴ある反応として，アルケン類との環状付加体反応により，シクロヘキセン類を与えるディールス－アルダー反応がある．一般に共役ジエンに電子供与基が付き，アルケン (ジエノフィルと呼ぶ) に電子求引基が付くとこの環状付加反応が進行しやすい．酸や塩基の触媒も必要なく，室温で混ぜるだけで反応が進行することもある．ディールス－アルダー反応は協奏的な一段階の環状付加反応で溶媒の極性効果をほとんど受けない．ディールス－アルダー反応ではジエンやジエノフィルの立体化学は完全に保たれる．

ディールス－アルダー反応は酸や塩基，求核試薬も用いない中性で進行する環状付加反応である．

反応する位置が2ヶ所以上あるとき，段階的に反応するのではなく同時に反応が進行することを協奏的と呼ぶ．

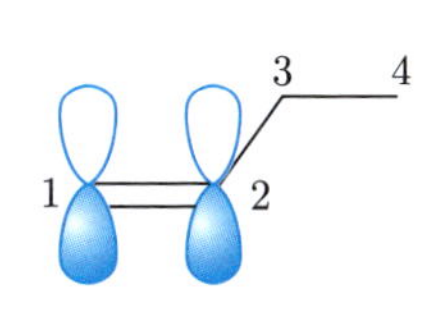

π 電子は1, 2に局在化している

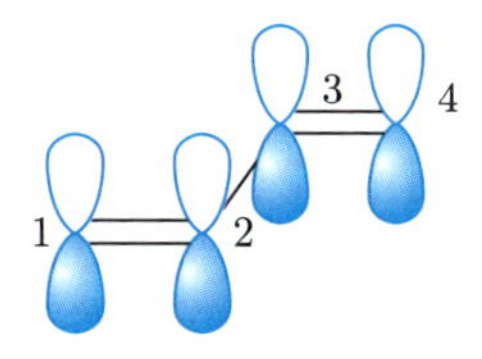

π 電子は1〜4まで広がり非局在化している

図3.13　1-ブテンと1,3-ブタジエンの π 電子

$CH_2{=}CH{-}CH{=}CH_2$ + Br—Br ⟶

[$CH_2{=}CH{-}\overset{+}{C}H{-}CH_2Br$ ⟷ $\overset{+}{C}H_2{-}CH{=}CH{-}CH_2Br$]

$CH_2{=}CH{-}CHBr{-}CH_2Br$

3,4-ジブロモ-1-ブテン

1,2-付加

$BrCH_2{-}CH{=}CH{-}CH_2Br$

1,4-ジブロモ-2-ブテン

1,4-付加

図3.14　1,3-ブタジエンへの臭素の付加

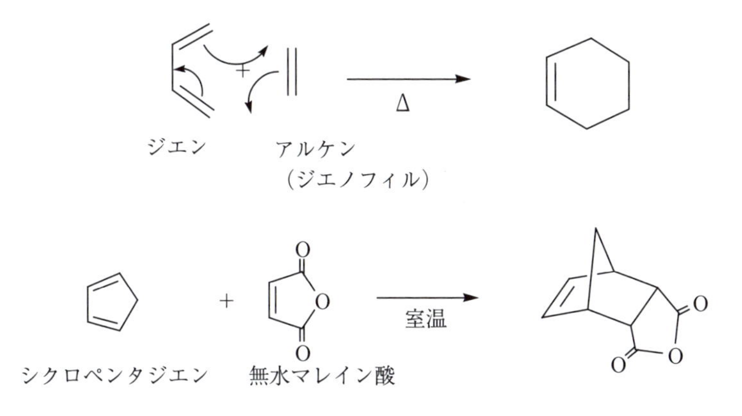

図3.15　ディールス-アルダー反応

3.4 芳香族化合物

3.4.1 芳香族化合物とは

有機化合物を大きく二つに分けると脂肪族化合物と芳香族化合物に分けるとことができる．芳香族化合物とは「芳香」があることから名付けられているが，芳香族化合物すべてが芳香を持っているわけではない．芳香族化合物とは性質や化学挙動がベンゼンに似通った物質のことをいう．芳香族化合物の定義は以下に示した．

3.4.2 芳香族化合物の命名法と構造

ベンゼンは一般に六角形に二重結合を三つ書く形で省略して書き示されるが，実際はそれぞれの角に炭素原子が，その外側に水素原子が結合した C_6H_6 の構造を持つ分子である．

芳香族化合物のうち最も単純な構造を持っているのがベンゼンである．ベンゼンに置換基が結合するとベンゼン誘導体となる．二個の置換基がベンゼン環に付いている場合，その相対関係をオルト (*o*-)，メタ (*m*-)，パラ (*p*-) で示す必要がある．置換基は，その置換基を abc 順に並べベンゼンに冠して呼ぶ．3 個以上の置換基がベンゼン環についている場合，数字を用いその相対的な位置関係を示す．ベンゼンが二つ縮環したものをナフタレンというが，窒素の入った環 (複素環) や二つ以上の環が結合した縮合環系複素環は後述 (9 章) する．

芳香族の定義は
①環状
②π電子が平面・共役
③$(4n+2)\pi$系の電子を持つこと．
芳香族の性質は
①共鳴，
②**1.5** 重結合，
③求電子置換反応
である．

ベンゼンは芳香族化合物の代表である．構造 A と略記されることが多いが正しくは構造 A と構造 B の共鳴であり，実験的には一辺の長さ (C–C 結合距離)1.39 Å の正六角形であることがわかっている．芳香族性 (aromaticity) とは，π 電子の完全な非局在化により，電子系が大きく安定化する性質のことであるが，このための要件として ① 共役 π 電子系であること，② 環状電子系であること，③ 平面電子系であること，④ π 電子数が $(4n+2)$ であることが挙げられており，これをヒュッケル (**Hückel**) 則という．ベンゼンの場合，芳香族性安定化エネルギーは 1 分子あたり 36 kcal/mol である．

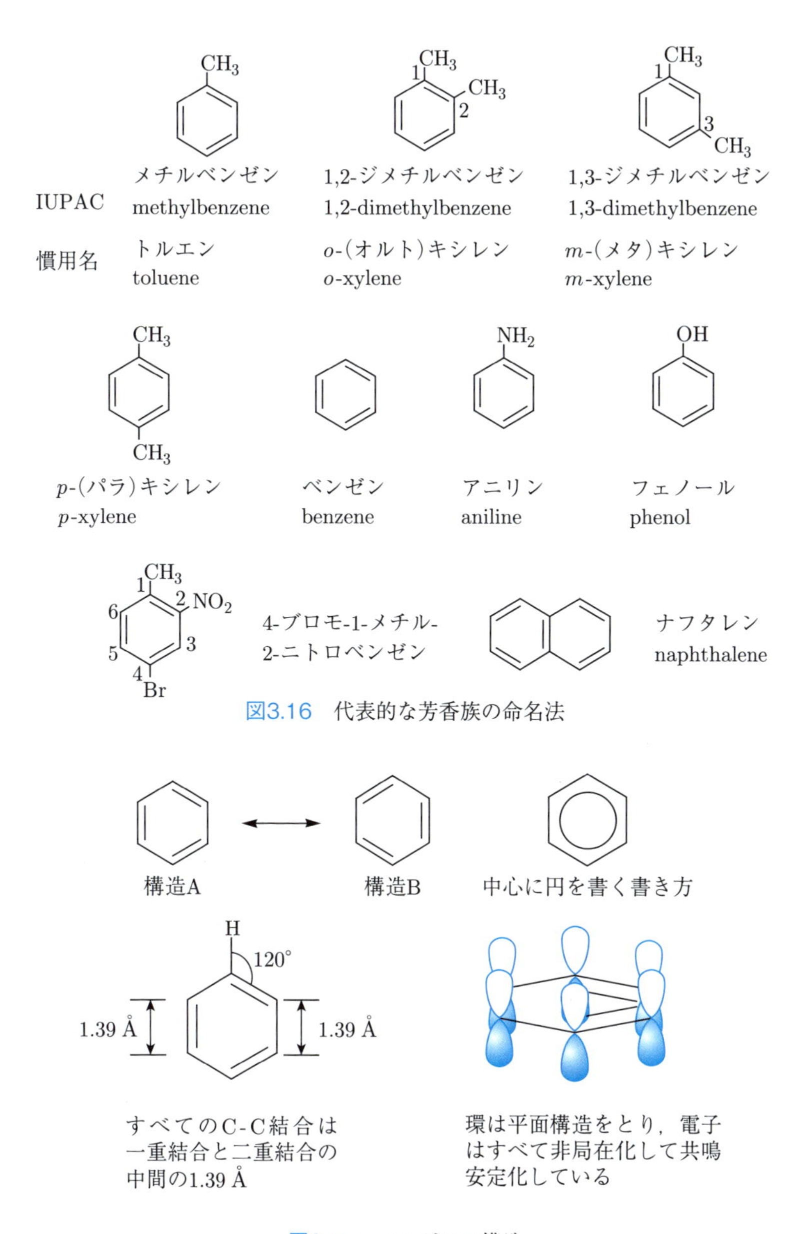

図3.16　代表的な芳香族の命名法

図3.17　ベンゼンの構造

3.4.3 芳香族化合物の性質

芳香族化合物は π 電子が豊富なため，電子不足な求電子試薬と反応する．また，$(4n+2)\pi$ 電子を保とうと芳香安定化するため，求電子試薬と反応後，プロトンが脱離し，形式的には置換反応が進行する．

3.4.4 芳香族化合物の合成

芳香族炭化水素は石炭の乾留や石油の留分に含まれる．また，石油留分のナフサを熱分解 (クラッキング) や改質 (リフォーミング) することにより得られる．

3.4.5 芳香族化合物の反応

●ベンゼンのニトロ化

ベンゼンに濃硫酸と濃硝酸を加え加熱すると，ニトロベンゼンが生成する．より強酸である濃硫酸が濃硝酸にプロトンを渡し，プロトン化された濃硝酸は水を放出してニトロニウムイオンを生じる．ニトロニウムイオンはベンゼンに求電子的に反応しカルボカチオンを生じる．硫酸水素イオンがこのカチオンと結合すれば求電子付加反応となるが，ベンゼンは芳香安定化しようとするため硫酸水素イオンはプロトンを奪い，最終的に置換反応したニトロベンゼンが得られる．ニトロ化は一置換ベンゼンでも起こるが，この置換基が電子豊富な (電子供与基) 置換基なら o-, p-配向になり反応は加速され，電子不足 (電子求引基) なら m-配向になり反応は遅くなることが知られている．孤立電子対を持つメトキシベンゼンでは，酸素の電子対が共鳴により電子をベンゼン環に供与し，o-, p-位の電子密度が高くなり，正の電荷を持つニトロニウムイオンが攻撃しやすくなり，o-, p-配向となる．ニトロベンゼンの場合，窒素にはすでに電子がないので芳香族の π 電子を借りることになり，逆に o-, p-位の炭素が+になるため，m-位しか反応できなくなる．ハロゲン類は π 電子密度を下げ，ニトロ化反応を緩慢にするが，ハロゲンの非共有電子対の効果のため o-, p-配向となる．

芳香族の共鳴を考える際，屈曲矢印を書いてみることは極めて重要である．+ の符号が付く位置は正に偏り，− の符号が付く位置は負に偏っている．この結果から o-, m-, p-の配向が予測できる．

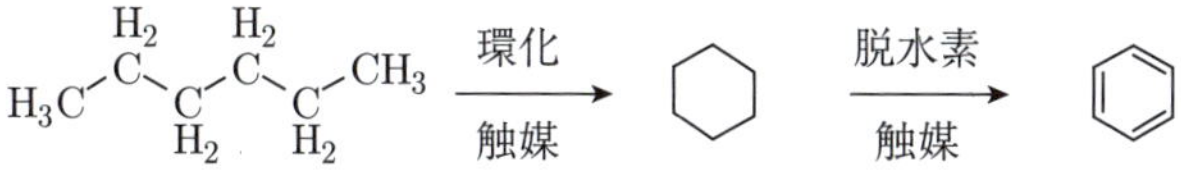

図3.18　ナフサの熱分解・改質による芳香族の製造

$$HONO_2 + 2H_2SO_4 \rightleftharpoons H_3O^+ + 2HSO_4^- + NO_2^+$$

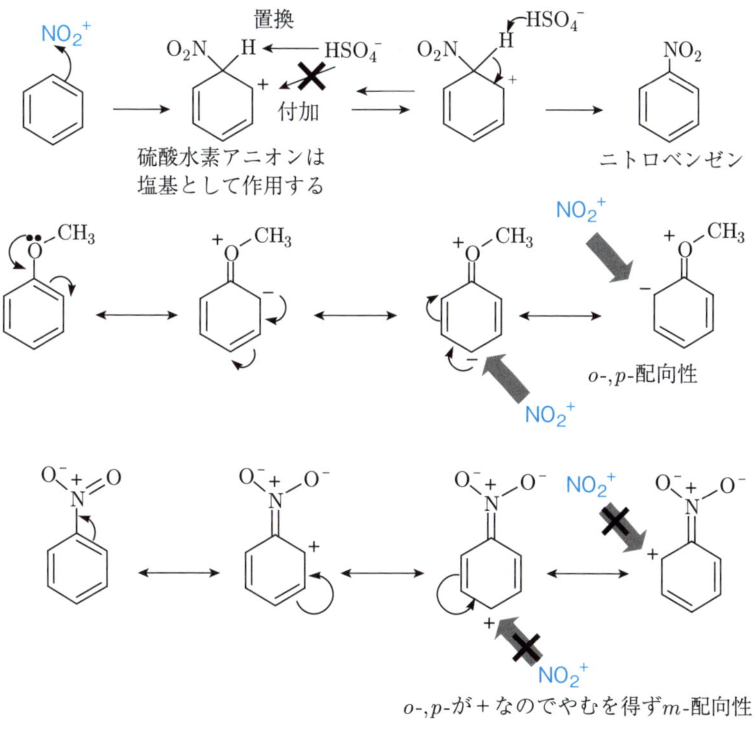

図3.19　ベンゼンのニトロ化反応

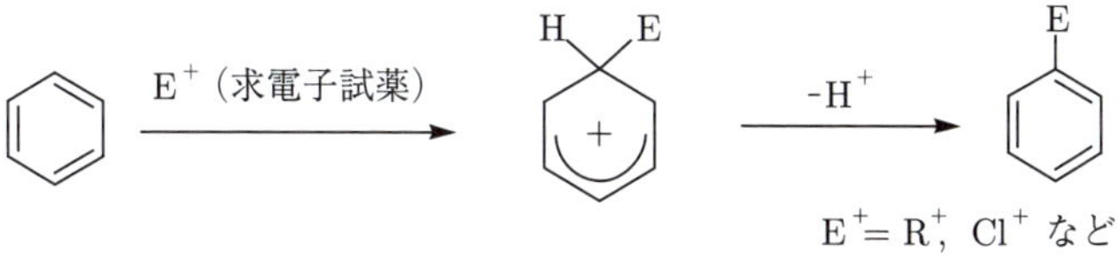

図3.20　ベンゼンの求電子置換反応

●芳香族と求電子試薬との反応

求電子置換反応は電子不足の求電子試薬 (図 3.20 の E^+) が電子豊富なベンゼンに付加するものの，共鳴安定化エネルギーが大きいため，プロトンが脱離し置換反応を起こす．

●フリーデル‐クラフツ (Friedel-Crafts) 反応

芳香環に炭素側鎖を結合する有効な反応としてフリーデル‐クラフツ反応がある．ベンゼンに無水塩化アルミニウム存在下，塩化イソプロピルを作用させるとイソプロピルベンゼン (別名；クメン) が生じる．無水塩化アルミニウムは強いルイス酸で他の分子の孤立電子対と結合する．この場合，塩化イソプロピルの塩素原子の孤立電子対と強く結合し，炭素‐塩素間の結合を切断する．結果としてイソプロピルカチオンがベンゼン環を求電子攻撃し，続いてプロトンが脱離してイソプロピルベンゼンを生成する．これをフリーデル‐クラフツのアルキル化反応という．アルキル化反応は転位反応が起こることや多アルキル化反応を起こすなど合成上の問題がある．

ルイスは非共有電子対を持つものをルイス塩基，最外殻が電子不足でオクテットを保っていない空軌道を有する分子をルイス酸と呼び，ルイス酸は他の非共有電子対を持つルイス塩基と結合するものと定義した．

芳香族化合物と酸塩化物 (7.2 節) から芳香族ケトンを合成する反応をフリーデル‐クラフツのアシル化反応と呼ぶ．導入したアシル基は還元反応によりアルキル基にできるため，アルキルベンゼンを合成する場合でも，まず，アシル化を行った後，還元する例が多い．

●ハロゲン化反応

ベンゼンをルイス酸存在下，塩素と反応させるとクロロベンゼンを生じる．塩素陽イオンが芳香族を攻撃する芳香族求電子置換反応の代表例である．

●ザンドマイヤー (Sandmeyer) 反応

アニリン塩酸塩を氷冷下，亜硝酸と作用させると塩化ベンゼンジアゾニウムイオンが生じ，他の求核試薬と求核置換反応を起こし，窒素が脱離した芳香族誘導体が合成される．この反応は芳香族求核置換反応の一種である．

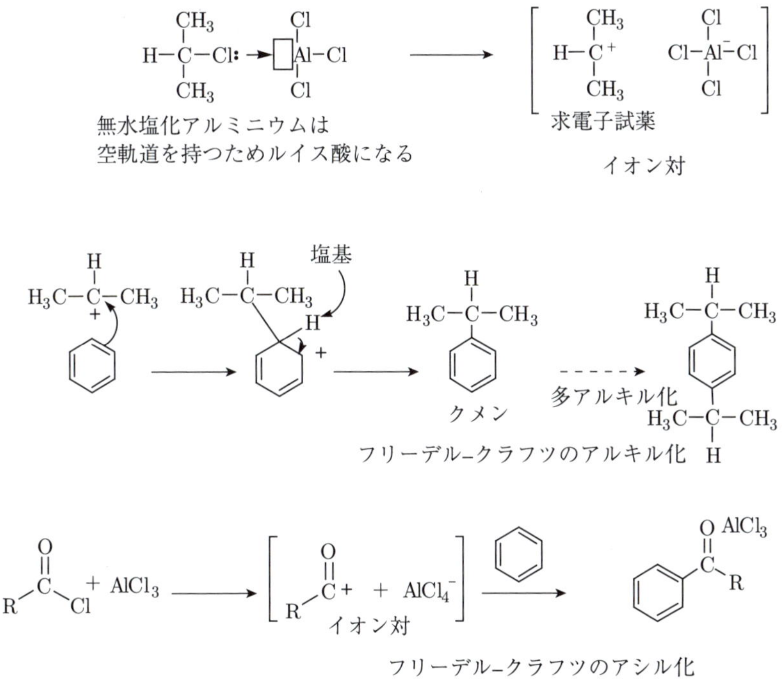

無水塩化アルミニウムは
空軌道を持つためルイス酸になる

求電子試薬

イオン対

塩基

クメン

多アルキル化

フリーデル–クラフツのアルキル化

イオン対

フリーデル–クラフツのアシル化

図3.21　フリーデル–クラフツ反応

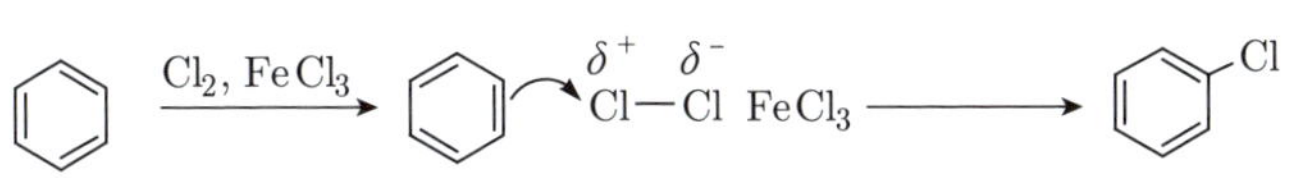

Cl_2, $FeCl_3$

δ^+　δ^-

Cl—Cl $FeCl_3$

図3.22　芳香族のハロゲン化

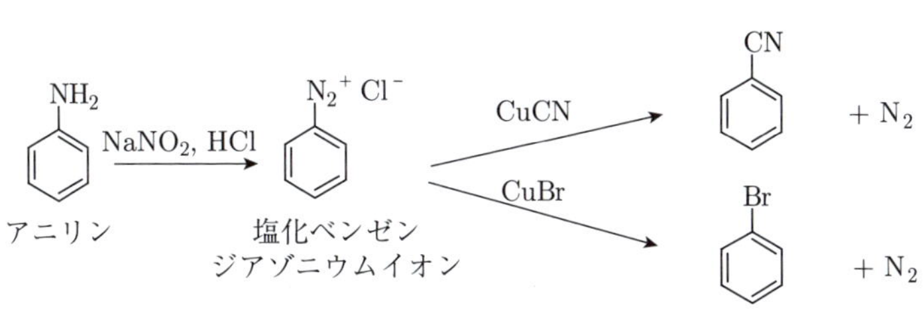

$NaNO_2$, HCl

CuCN

CuBr

アニリン

塩化ベンゼン
ジアゾニウムイオン

$+ N_2$

$+ N_2$

図3.23　ザンドマイヤー反応による芳香族化合物の求核置換反応

演 習 問 題
第3章

1　次の化合物の名称を示せ．

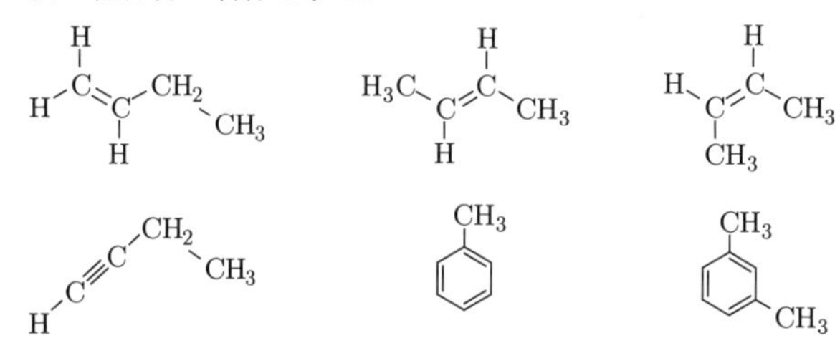

2　アルケンにハロゲン化水素が付加する際，より級数の高いハロゲン化アルキルが生成する．この反応機構はどのようになっているか．またこの付加の方向の法則を何と呼ぶか．

3　アルキンからケトンを合成するためにはどうすればよいか．またアルキンからアルデヒドを合成するためにはどうすればよいか．

4　芳香族化合物にアルキル基を導入するにはどうすればよいか．この反応の欠点があれば述べよ．またアシル基を導入するにはどうすればよいか．

5　芳香族化合物は電子豊富な分子であるため，電子不足の求電子試薬と反応する．芳香族化合物を電子豊富な求核試薬と反応させるにはどうすればよいか．

ハロゲン化アルキル

本章の内容

4.1 ハロゲン化アルキル

4.1.1 ハロゲン化アルキルとは

ハロゲン化アルキルとはアルカンの水素がハロゲンと置換したものである．天然の有機ハロゲン化物は少ない．オゾン層を破壊するフロンも，ゴミの焼却時に発生する猛毒のダイオキシンも人工の含ハロゲン有機化合物である．

4.1.2 ハロゲン化アルキルの命名法と構造

ハロゲン化アルキルの慣用名は炭化水素の一価基の呼称の語尾にハロゲン化物を示すハライド (日本語では接頭語としてハロゲン化) を付ける．IUPAC 名ではハロゲンの結合位置を示す数字を書き，次にハロゲン名，最後に炭化水素名を書く．

ハロゲンが結合した炭素に結合したアルキル基の数によりメチルハライド，第一級ハライド，第二級ハライド，第三級ハライドと呼ぶ．

4.1.3 ハロゲン化アルキルの性質

分極とは電気陰性度の違いにより分子内に電気的な偏りができること．ハロゲン化アルキルは炭素は δ^+ に，ハロゲンは δ^- に分極している．

ハロゲンは電気陰性度が大きいため，C−X 結合の炭素は δ^+ に，ハロゲンは δ^- に分極している．またハロゲンが結合することにより結合した炭素の酸化数が上がり，燃えにくくなり，比重が上がる．ハロゲンが結合した炭素には電子的な偏りがあるため反応性が高く，合成中間体に用いられることが多い．一方，クロロホルムやジクロロメタンは溶媒として用いられるが，分極のため極性はあるものの，水にはほとんど溶けない．

ハロゲンのうち，塩化物，臭化物，ヨウ化物の順に脱離性が大きくなる．フッ化物は大きな電気陰性度にかかわらず炭素–フッ素結合は切れにくく，安定な結合である．フッ化物は冷媒や基板洗浄剤，耐熱性ポリマー原料などに使われる．

表4.1　ハロゲン化アルキルの命名法

	慣用名		IUPAC名
CH_3-I	ヨウ化メチル	methyl iodide	iodomethane
CH_3-CH_2-Br	臭化エチル	ethyl bromide	bromoethane
$CH_3-CH_2-CH_2-Cl$	塩化-*n*-プロピル	*n*-propyl chloride	1-chloropropane
$CH_3-CH_2-CH(Cl)-CH_3$	塩化-*sec*-ブチル	*sec*-butyl chloride	2-chlorobutane

CH_3-X　　$R-CH_2-X$　　$R-CH(R)-X$　　$R-C(R)(R)-X$　X= F, Cl, Br, I

メチルハライド　第一級ハライド　第二級ハライド　第三級ハライド

図4.1　ハロゲン化アルキルの分類

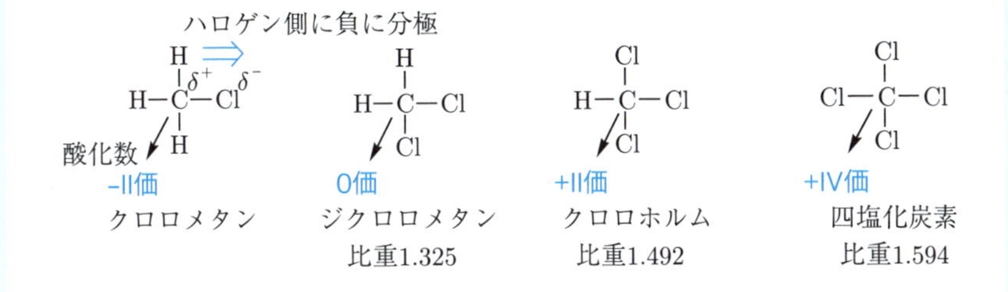

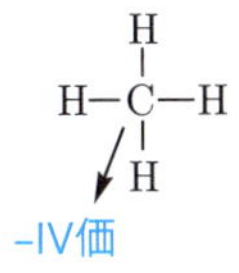

メタンは−IV価．原則として水素は+I価，ハロゲンは−I価，酸素は−II価，炭素は0価と数え，中性分子なら分子内の酸化数の合計はゼロと計算する．

O=C=O

CO_2の炭素は+IV価．つまりこれ以上酸化できない燃えカスである．

図4.2　ハロゲン化アルキルと酸化数

4.1.4 ハロゲン化アルキルの合成

●アルカンの置換反応

メタンをラジカル的に塩素化させてジクロロメタン，クロロホルムが工業的に作られる．一般のアルカンの場合，この方法では選択的なハロゲンの導入は不可能なので，実験室での合成には向かない．

●アルケンへの付加反応

求核試薬が電子不足の炭素と反応する場合，反応試薬の近づく方向を表現するために「攻撃」という言葉を使うことがある．

アルケンにハロゲン化水素やハロゲンを付加させるとハロゲン化アルキルが生成する．HBr のアルケンへの付加反応は，通常，プロトンは電子豊富なアルケンに付加してカルボカチオンが生成する．この付加はマルコフニコフ則に従う．つまり，より安定なカルボカチオンが生成するようにプロトンの付加が進行し，その後ブロモイオンがカルボカチオンと反応してブロモアルカンが生成する．臭素のアルケンへの付加反応は，一般に極性溶媒で行われるが，中間体として三員環構造を持ったブロモニウムイオンが生成することが知られている．その背面からブロモイオンが攻撃する．ハロゲン化水素の内で，HBr だけが過酸化物存在下でアルケンにラジカル連鎖反応で付加する．この反応では，より級数の低いブロモアルカンが生成するので，アンチマルコフニコフ (anti-Markovnikov) 則にしたがうことになる．

置換基の多い (級数の高い) 生成物への付加反応がマルコフニコフ，置換基が少ない (級数の低い) 生成物への付加がアンチマルコフニコフ．

●アルコールの置換反応

アルコールに強酸の存在下，ハロゲン化水素を作用させるとヒドロキシ基がオキソニウムイオンとなり，ハロゲン化物イオンが求核反応し，ハロゲン化アルキルになる．第一級のアルコールは塩化水素では反応性が低いため，塩化チオニルか五塩化リンを用いると効率良く塩化アルキルが形成する．

$CH_4 \xrightarrow{Cl_2} CH_3Cl + CH_2Cl_2 + CHCl_3 + CCl_4$

図4.3　工業的手法によるハロゲン化アルキルの合成

H⁺ / X⁻ / X₂

より級数の高い
ハロゲン化アルキル
マルコフニコフ則

HBr / 過酸化物

安定な級数の高い
炭素ラジカル

級数の高いラジカルを
経由するため生成物は
アンチマルコフニコフ則
に従う

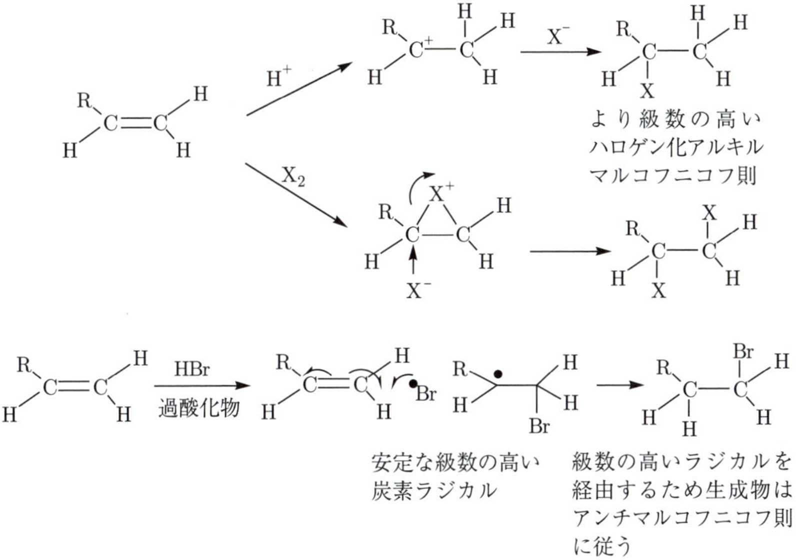

図4.4　アルケンへの付加反応によるハロゲン化アルキルの合成

HX

オキソニウム塩

$R-CH_2-CH_2-OH + SOCl_2 \longrightarrow R-CH_2-CH_2-Cl + SO_2 + HCl$

塩化チオニル

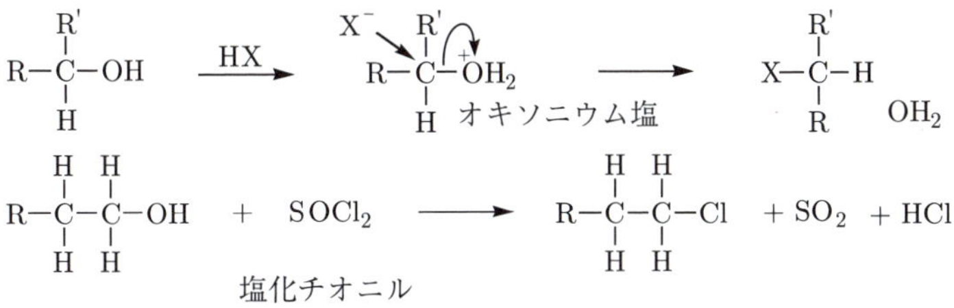

図4.5　アルコールからハロゲン化アルキルの合成

4.1.5 ハロゲン化アルキルの反応

●求核試薬との反応

ハロゲン化アルキルのハロゲンはよい脱離基であり，求核性の高い求核試薬と容易に反応し，求核置換反応する．この反応を用いて，後述する多くの官能基に導くことができる．

●マグネシウムとの反応

マグネシウムハライドを含むグリニャール試薬は有機合成反応において最も重要な試薬の一つ．

ハロゲン化アルキルとマグネシウムを無水ジエチルエーテル中で反応させると，炭素とハロゲンの間にマグネシウムが挿入されたハロゲン化アルキルマグネシウムが生成する．ハロゲン化アルキルは電気陰性度 (3.1 節) の比較により，ハロゲンが δ^- に炭素が δ^+ に分極しているが，R−Mg 結合は R が δ^- に Mg が δ^+ となり R が求核性を持つ．この RMgX を一般にグリニャール (**Grignard**) 試薬と呼び，炭素骨格を伸長しながら分子を構築し，アルコールを合成 (5.1 節) する際に用いられる．

●アルカリ金属との反応

ブロモメタンを無水エーテル中，金属リチウムと反応させるとメチルリチウムとなる．メチルリチウムは求核試薬としてグリニャール試薬と同様，合成反応に広く使われる．

●水酸化物イオンとの反応

ハロゲン化アルキルは水酸化物イオンと反応しアルコールになる．また，反応条件によりハロゲン化水素が脱離したアルケンになる．水酸化物イオンは酸素原子上に電子を持った電子豊富な試薬であり，ハロゲンと結合し電子不足となったアルカンの背面を攻撃する．この反応を脂肪族求核置換反応 (S_N 反応) と言う (5.1 節)．水の脱離によるアルケンへの反応を脱離反応 (E 反応) と呼び，この場合水酸化物イオンはプロトンを奪う塩基の働きをしている．求核試薬はしばしば塩基として作用しうるので S_N 反応と E 反応は常に同時に起こる．

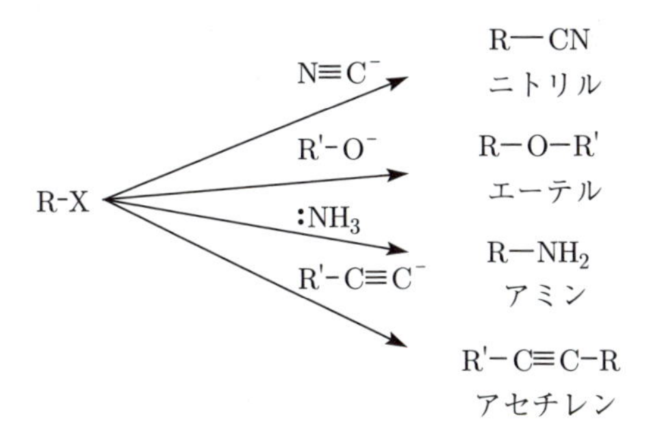

図4.6　ハロゲン化アルキルと求核試薬との反応

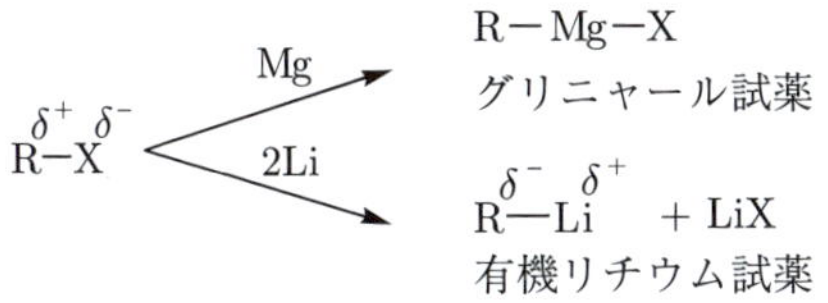

$\overset{\delta^+}{R}-\overset{\delta^-}{X}$

Mg

2Li

R−Mg−X

グリニャール試薬

$\overset{\delta^-}{R}-\overset{\delta^+}{Li}$　+ LiX

有機リチウム試薬

図4.7　ハロゲン化アルキルとアルカリ金属，アルカリ土類金属との反応

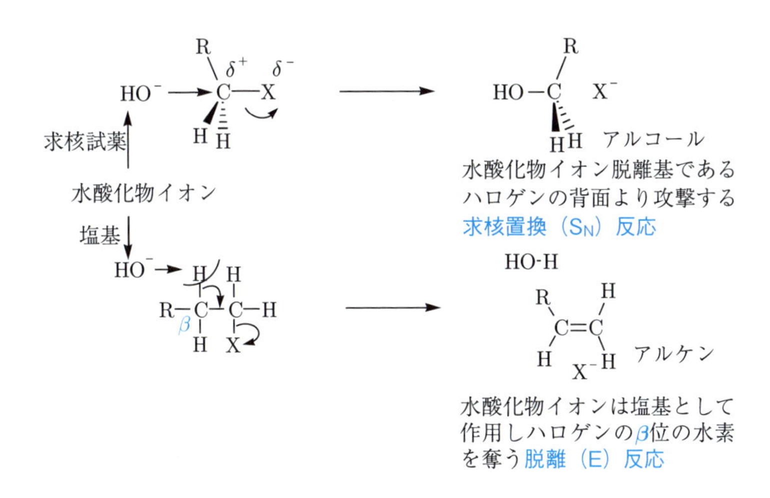

図4.8　ハロゲン化アルキルと水酸化物イオンとの反応

演 習 問 題
第4章

1　次の化合物の名称を示せ.

CH_3-CH_2-I

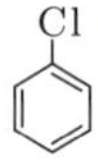

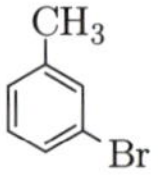

（Cl が結合したベンゼン環の構造式）

（CH_3 と Br が結合したベンゼン環の構造式）

2　アルケンへのハロゲン化水素の付加は一般にマルコフニコフ則に従う. アンチマルコフニコフ則に従うのはどのような場合か.

3　第一級アルコールを用いてハロゲン化物を合成するときに必要な試薬は何か.

4　グリニャール試薬はどのような方法で合成するか. その際, どのようなことに注意する必要があるか.

5　ハロゲン化アルキルと水酸化物とイオンはどのような反応を起こすか. S_N 反応と E 反応の二つに分類して答えよ.

アルコールとエーテル

本章の内容

5.1　アルコールとエーテル

5.1.1　アルコールとは

アルコールとはヒドロキシ基(水酸基，-OH)を有する有機化合物である．アルコールは我々の食生活に最もなじみの深い化合物の一つであり，エタノールに代表される低級アルコールは微生物による糖質の代謝の過程で副生され，エタノールを含む飲み物は一般的に酒(ビール，ワイン，日本酒など)またはアルコールという名前で呼ばれている．デンプンなどの糖質(11.1節)も分子内に多くのヒドロキシ基を有しておりアルコールの仲間でもある．

5.1.2　アルコールの命名法と構造

アルコールの慣用名は炭化水素の1価基の呼称の語尾にアルコール(alcohol)を付ける．IUPAC命名法ではヒドロキシ基の結合位置を示す数字を書き，基本炭素骨格の名称の最後の「e」をとり，接尾語オール(-ol)を付ける．

ヒドロキシ基が結合した炭素に結合したアルキル基の数により第一級アルコール，第二級アルコール，第三級アルコールと呼ぶ．

5.1.3　アルコールの性質

アルコールのヒドロキシ基は酸性度が高く，水素結合を作りやすい．そのため同一分子量の炭化水素やエーテルに比べ沸点が高い．

アルコールにはヒドロキシ基が結合している．ヒドロキシ基の酸素は炭素に比べ電気陰性度が高く，炭素はプラスに酸素はマイナスに分極しており，アルコールは極性の高い官能基である．また，酸素と水素の間も大きく分極しており，強塩基により水素を奪われやすく，ヒドロキシ基は酸性度(3.1節)が比較的高い．水酸基の水素は他の水酸基や極性の官能基間で水素結合することが多い．そのためアルコールどうしも水素結合で会合し大きい分子のような挙動をし，沸点も比較的高い．炭素数の少ない低級アルコールは非常に水に溶けやすい．

表5.1　アルコールの命名法

	慣用名		IUPAC名
CH_3-OH	メチルアルコール	methyl alcohol	methanol
CH_3-CH_2-OH	エチルアルコール	ethyl alcohol	ethanol
CH_3-CH_2-CH_2-OH	*n*-プロピルアルコール	*n*-propyl alcohol	1-propanol
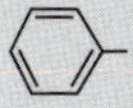OH	フェノール	phenol	

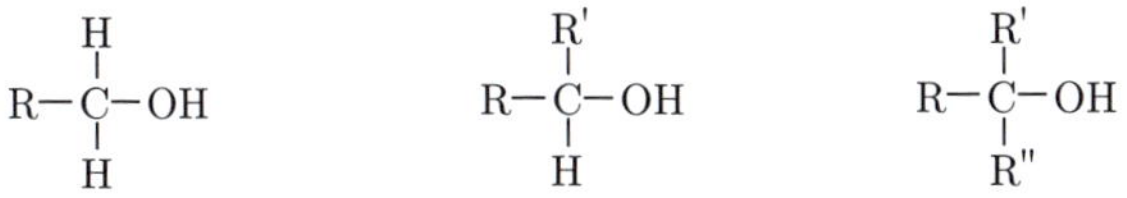
H
R−C−OH
H
R'
R−C−OH
H
R'
R−C−OH
R''

第一級アルコール　第二級アルコール　第三級アルコール

図5.1　アルコールの分類

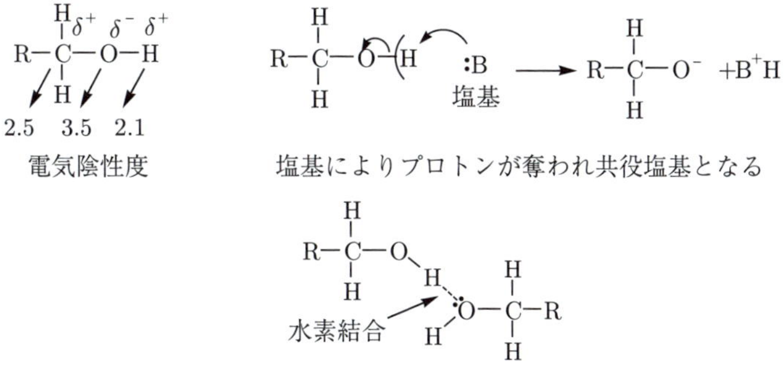
δ+
δ−
δ+
2.5
3.5
2.1
電気陰性度
:B
塩基
+B+H
塩基によりプロトンが奪われ共役塩基となる
水素結合

図5.2　アルコールの電気陰性度と分極，水素結合

5.1.4 アルコールの合成

●アルケンへの水の付加反応

アルケンは sp^2 混成軌道をとる電子豊富な官能基である．電子不足なプロトン (H^+) はアルケンの π 電子に近づき (4章) 結合する．アルコールの合成には一般にアルケンに濃硫酸を加える．プロトンの付加により生成するカルボカチオンに硫酸水素アニオンが結合する．この硫酸水素アルキルを加水分解することによりアルコールが得られる．この反応はマルコフニコフ則 (3章) に従う．

ルイス酸 (3.4節) であるボランを用いると，ボランは立体障害を避けて，より級数の低い炭素に付加し，対応するアルキル有機ホウ素化合物を与える．これを過酸化水素で酸化すると，アンチマルコフニコフ配向のアルコールが合成できる．このとき，ホウ素と水素はアルケンに対しシン付加する．

ボランでは B−H が sp^2 平面に対し同一側から接近する．そのため，ホウ素と水素が同じ側に付加するためシン付加と呼ばれる．

●ハロゲン化アルキルの加水分解

ハロゲン化アルキルを塩基性水溶液で加熱するとアルコールとなる．この際，脱離反応 (主に E2 反応) が同時に起こり，アルケンが生成する．

●カルボニル化合物の還元

アルコールは酸化還元反応により幅広く官能基変換することができる．

ケトン (6.2節) やエステル (7.2節) などカルボニル基を有する化合物はヒドリド還元剤 (水素化リチウムアルミニウム $LiAlH_4$) により還元されアルコールとなる．他の代表的な金属ヒドリド還元剤である水素化ホウ素ナトリウム ($NaBH_4$) はケトンとアルデヒドだけを対応するアルコールに還元し，エステルやアミド，ニトリルは還元しない．

●グリニャール試薬

グリニャール試薬 (6.2節) を用いるとカルボニル化合物にアルキル基を導入しつつ，アルコールが合成できる．アルコールをハロゲン化アルキルに官能基変換し，さらにグリニャール試薬に使うと自由に炭素骨格を構築できる．

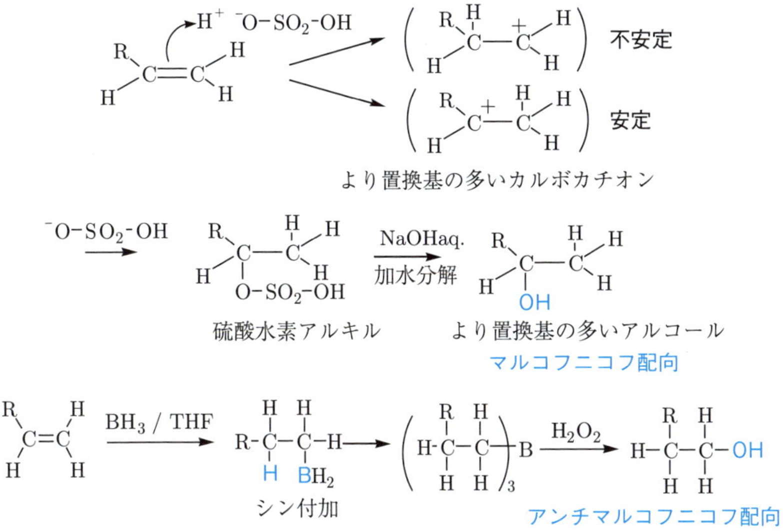

図5.3 アルケンへの水の付加によるアルコールの合成

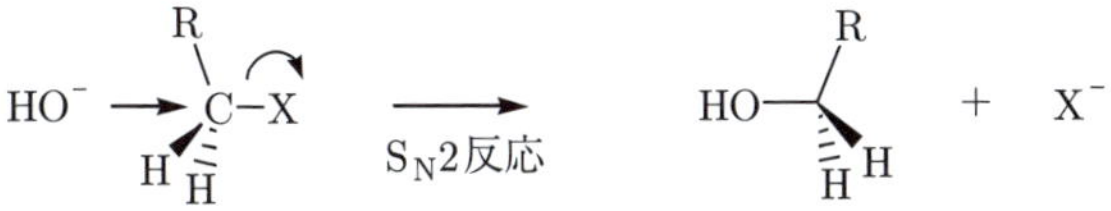

図5.4 ハロゲン化アルキルの加水分解によるアルコールの合成

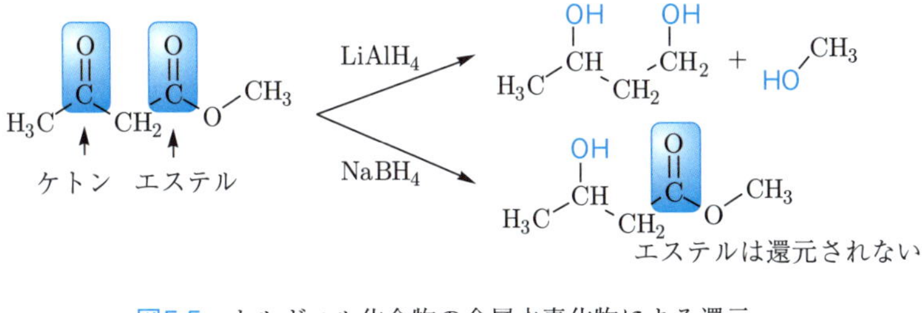

図5.5 カルボニル化合物の金属水素化物による還元

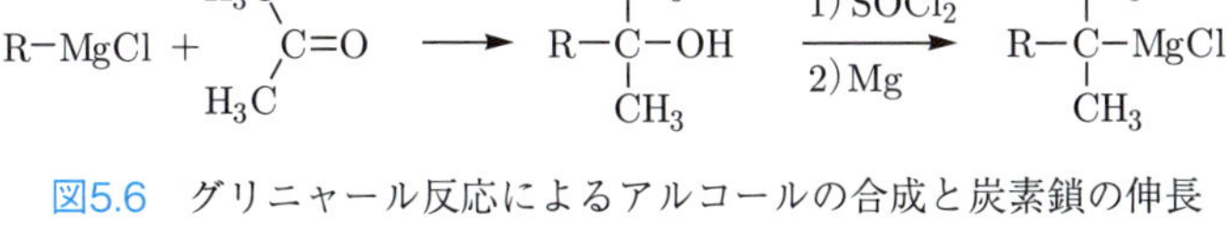

図5.6 グリニャール反応によるアルコールの合成と炭素鎖の伸長

5.1.5 アルコールの反応

●酸化反応

第一級アルコールは酸化剤によりカルボン酸やアルデヒドに酸化される．**PCC** (6.1 節) を用いるとアルデヒドへの酸化が可能になる．第二級アルコールはケトンに酸化される．第三級アルコールは α 水素がないため酸化に対し安定で通常の酸化剤で酸化されない．

●アルカリ金属との反応

アルコールの水酸基は酸性度が高いためナトリウムなどのアルカリ金属と反応し，水素を発生しナトリウムアルコキシドとなる．アルコキシドはプロトン引き抜き反応などの塩基触媒に用いられる．

●ハロゲン化水素との反応 (置換と脱離)

アルコールとハロゲン化水素酸との反応では，まず酸触媒により酸素にプロトンが付加し，オキソニウム塩が生成する．そこに求核試薬であるハロゲン化物イオンが求核置換反応 (**Nucleophilic Substitution**) する．第一級アルコールの場合，ハロゲン化物イオンがオキソニウム塩の背面を攻撃し (ワルデン (Walden) 反転)，立体が反転したハロゲン化物を与える．第三級アルコールの場合，アルキル基が第三級カルボカチオンを安定化させるため，水が脱離し sp^2 平面を有するカルボカチオンが生成する．この後ハロゲン化物イオンが付加するため，生成するハロゲン化物はラセミ体となる．反応速度は，前者は二分子の衝突が律速段階となるため **2** 次反応に，後者は脱離が律速段階となるため一分子の濃度で速度が決まる **1** 次反応となる．それぞれを $\mathrm{S_N}$**2** 反応，$\mathrm{S_N}$**1** 反応と呼ぶ．

脂肪族求核置換反応には $\mathrm{S_N}1$ と $\mathrm{S_N}2$ 反応があり，同時に脱離反応の **E1**, **E2** も起こってしまう．

多段階の化学反応において，一番遅い反応で反応速度全体が決まってしまう．この一番速度の遅い反応を律速段階と呼ぶ．

$\mathrm{S_N}1$ 反応では副反応として脱離 (Elimination) 反応が起こり，アルケンが生成する．アルケンの生成 (3.1 節) は E1 反応で進行するため生成するカルボカチオンが安定化する，第一級アルコール < 第二級アルコール < 第三級アルコールの順に生成しやすくなる．

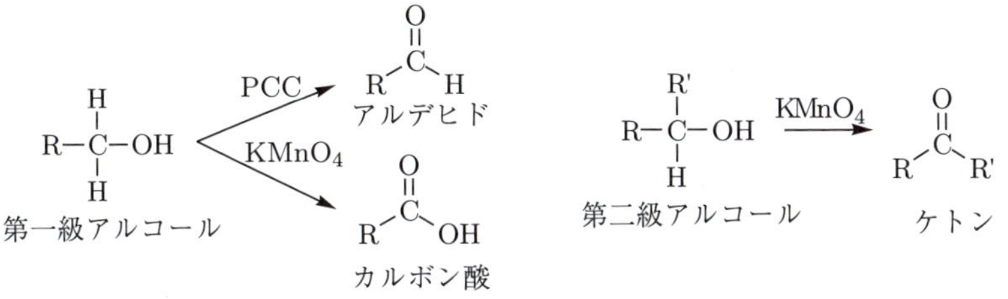

図5.7 アルコールの酸化反応

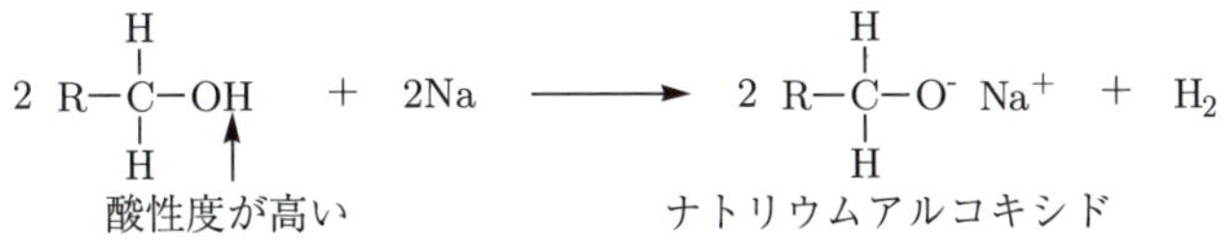

図5.8 アルコールとアルカリ金属による水素の発生

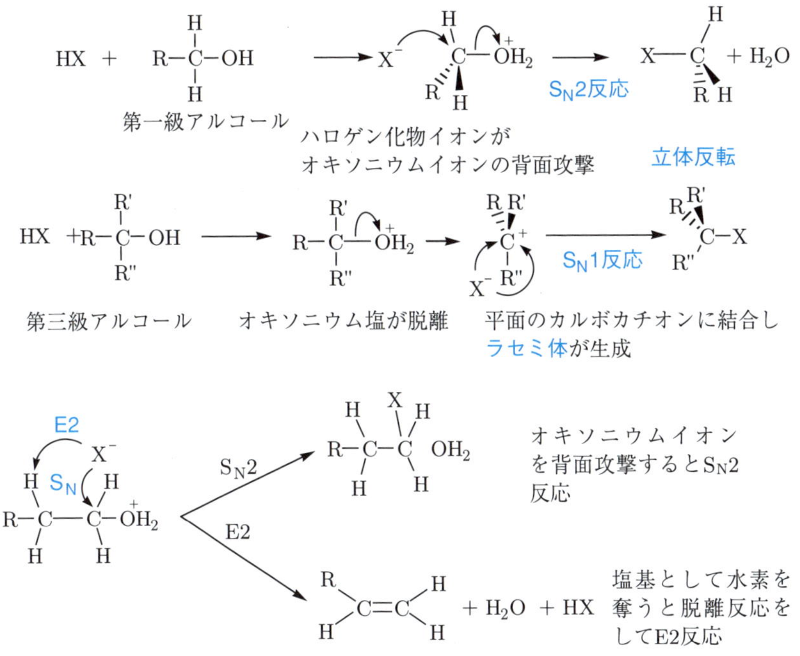

図5.9 ハロゲン化水素とアルコールの反応

5.2　エーテル

5.2.1　エーテルとは

エーテルとは酸素の両側にアルキル基またはアリール基を持つ (R−O−R) 物質である．

5.2.2　エーテルの命名法と構造

エーテルの慣用名ではエーテルの左右の置換基を記し，最後にエーテル (ether) を付ける．IUPAC 命名法ではどちらかの官能基をアルコキシ (alkoxy) で表し，もう一方の主の炭化水素名を書く．環状のエーテルのうち三員環のものをエポキシド (epoxide) と呼ぶ．その他環状エーテルのうち，代表的な溶媒としてテトラヒドロフランなどがある．

5.2.3　エーテルの性質

エーテルは試薬とは反応せずうまく試薬を溶媒和させることができる．

エーテルは炭素-酸素結合を有しており分極している．しかし，アルコールに比べエーテルは酸素の左右が炭素原子であるため双極子モーメントが小さく分子全体の分極は小さい．アルコールは水素結合が強く，分子間の結合が強いため，沸点が高い．それに対し，エーテルではいくぶん分極はしているものの，水素結合するヒドロキシ基がないため，同程度の分子量のアルコールに比べると沸点が低い．ヒドロキシ基を持つアルコールをプロトン性溶媒と呼び，エーテルなどヒドロキシ基を持たない溶媒を非プロトン性溶媒と呼ぶ．

エーテルは酸素原子上に孤立電子対を持つルイス塩基であるため，グリニャール試薬などのアルカリ土類金属，またボランなどオクテット則を満たしていないルイス酸と相互作用する．エーテルやテトラヒドロフランは非プロトン性極性溶媒としてグリニャール試薬などの有機金属試薬の反応溶媒として優れている．それに対し，酸素を含む三員環を持つエポキシドは分子内に歪みがあり，求核試薬や求電子反応剤などにより開環する．

表5.2　エーテルの命名法

	慣用名		IUPAC名
CH_3-O-CH_2-CH_3	エチルメチルエーテル	ethyl methyl ether	methoxyethane
CH_3-CH_2-O-CH_2-CH_3	ジエチルエーテル	diethyl ether	ethoxyethane
 (五員環構造式 O)	テトラヒドロフラン	tetrahydrofuran	
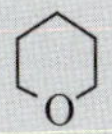 (六員環構造式 O)	テトラヒドロピラン	tetrahydropyran	

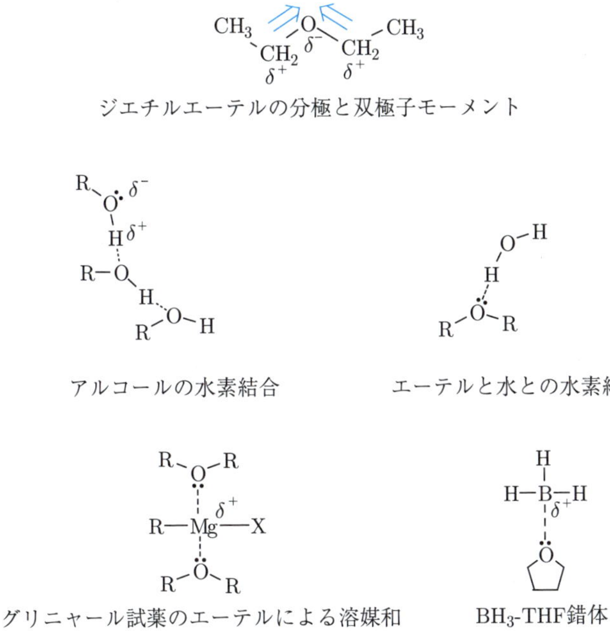

CH_3 CH_2 δ^+ O δ^- CH_2 δ^+ CH_3

ジエチルエーテルの分極と双極子モーメント

R O δ^- H δ^+ R−O H O H R

アルコールの水素結合

O H H R O R

エーテルと水との水素結合

R O R R—Mg δ^+—X R O R

グリニャール試薬のエーテルによる溶媒和

H H—B—H δ^+ O

BH_3-THF錯体

図5.10　エーテルの分極と溶媒和

5.2.4 エーテルの合成

●アルコールの脱水

ジエチルエーテルは工業的にはエタノールを硫酸触媒下脱水縮合して合成される．酸によりエタノールのヒドロキシ基はオキソニウム塩となり，脱離しやすくなる．もう一分子のアルコールのヒドロキシ基がオキソニウム塩の背面を求核攻撃することにより水が脱離 (S_N2 反応) し，ジエチルエーテルとなる．このとき，反応温度が高いと脱水反応 (E2 反応) が優先し，エチレンが生成する．

●ウイリアムソン (Williamson) のエーテル合成

非対称エーテルの合成はウイリアムソンのエーテル合成が有効だが，脱離反応に注意！

上記の脱水反応では求核攻撃するヒドロキシ酸素と脱離するオキソニウム塩を制御できず，現実には対称エーテルしか合成できない．塩基存在下，アルコキシドとハロゲン化物の反応により非対称エーテルが合成できる．これをウイリアムソンのエーテル合成と呼ぶ．アルコールに金属ナトリウムを加えるとナトリウムアルコキシドが生成する．ここにハロゲン化物を加えるとハロゲンが脱離基となり，S_N2 反応でエーテルが生成する．競争する脱離反応 (E2) を押さえ，S_N2 反応を優先的に進行させるためにはハロゲン化物はできるだけ立体障害の少ない基質を選ばなければならない．基質として立体障害が大きく，第三級カチオンを生成しやすい第三級のハライドを用いて，アルカリ条件で処理した場合，E2 反応が優先するためアルケンが生成する．

●エポキシドの合成

三員環を持つエポキシドはその高歪みのため反応性が高く，水中で酸または塩基条件で容易に開環し，ジオールとなる．比較的温和な条件で，アルケンを **mCPBA** (メタクロロ過安息香酸) で酸化すると，エポキシドが得られる．

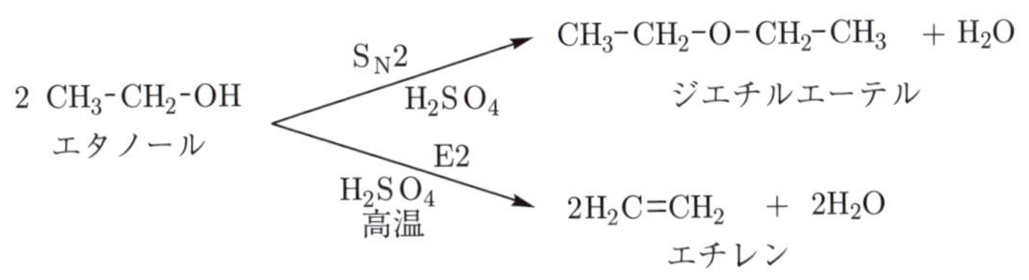
2 CH3-CH2-OH
エタノール
SN2
H2SO4
CH3-CH2-O-CH2-CH3 + H2O
ジエチルエーテル
E2
H2SO4
高温
2H2C=CH2 + 2H2O
エチレン

図5.11 アルコールの脱水によるエーテルの合成

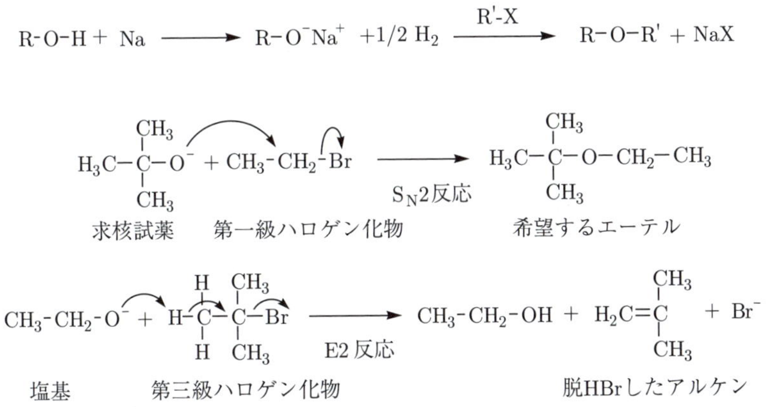
R-O-H + Na
R-O⁻Na⁺ +1/2 H2
R'-X
R-O-R' + NaX
SN2反応
求核試薬
第一級ハロゲン化物
希望するエーテル
E2 反応
塩基
第三級ハロゲン化物
脱HBrしたアルケン

図5.12 ウイリアムソンのエーテル合成

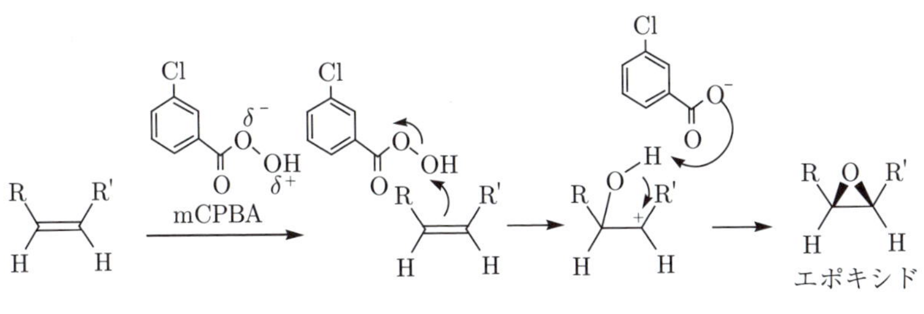
mCPBA
エポキシド

図5.13 *m*-クロロ過安息香酸によるエポキシドの合成

5.2.5 エーテルの反応

●エーテルとハロゲン化物イオンとの反応

エーテルは比較的安定な官能基だが，強い酸とは反応し開裂する．

エーテルは求核攻撃や求電子攻撃のどちらにも安定である．しかし，より反応性の高いヨウ化水素酸と加熱，または BBr_3 のようなルイス酸と処理すると酸素の非共有電子対にプロトンまたはルイス酸が付加し，立体障害の小さいハライドとアルコールに切断される．

●テトラヒドロピラニルエーテルの脱保護

エーテルは溶媒としても安定であり，反応性が低い官能基の一つである．この性質を用い官能基の保護・脱保護 (10.1 節) に使われる．アルコールの保護基導入には酸触媒条件で 2,3-ジヒドロ-4H ピランを加え，テトラヒドロピラニルエーテル (THP) に官能基変換する．THP は求核剤や酸化剤や還元剤に安定であり，アルコールの保護基として有用である．別の部位を官能基変換 (5.1 節) や骨格構築反応した後，希酸で処理することにより THP エーテルは脱保護 (保護基が外れる) され，元のアルコールに戻る．

THP は代表的なアルコールの保護基．

●エポキシドの開環反応

sp^3 混成軌道の結合角は 109.5° であり，エポキシドの三員環には強い歪みがかかっている．エチレンオキシドを水中で酸と作用させると孤立電子対にプロトンが付加し，オキソニウム塩となり，続いて水の求核攻撃を受け，エチレングリコールとなる．水の代わりにエタノールを用いると 2-エトキシエタノールとなる．塩基性条件の場合，求核剤の求核性が高いとエポキシドの背面を攻撃し S_N2 反応で開環しアルコールとなる．グリニャール試薬を用いると炭素数が二つ増炭したアルコールが生成する．この反応は，炭素鎖を二つ伸長する有効な方法である．

炭素数が増え，アルキル鎖が長くなる反応を増炭反応という．

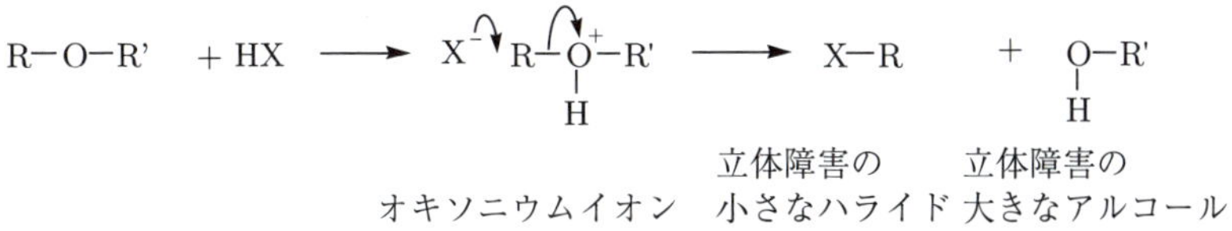

R−O−R'　+ HX ⟶ X^- R−$\overset{+}{O}$(H)−R' ⟶ X−R　+　O(H)−R'

オキソニウムイオン　立体障害の小さなハライド　立体障害の大きなアルコール

図5.14　エーテルとハロゲン化物イオンとの反応

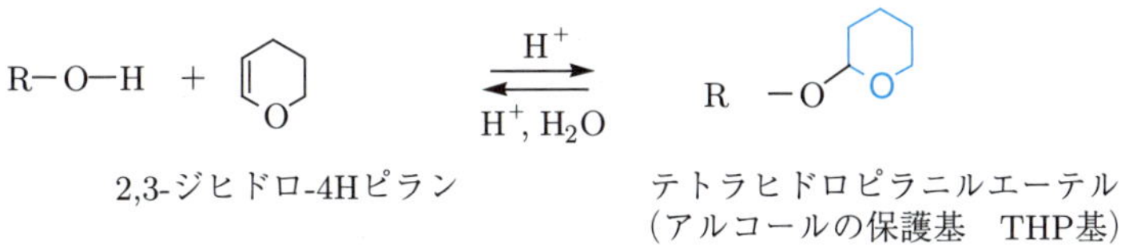

R−O−H　+ (2,3-ジヒドロ-4Hピラン) $\xrightleftharpoons[H^+, H_2O]{H^+}$ R −O−(THP)

2,3-ジヒドロ-4Hピラン　テトラヒドロピラニルエーテル(アルコールの保護基　THP基)

図5.15　アルコールの保護とテトラヒドロピラニル基の脱保護

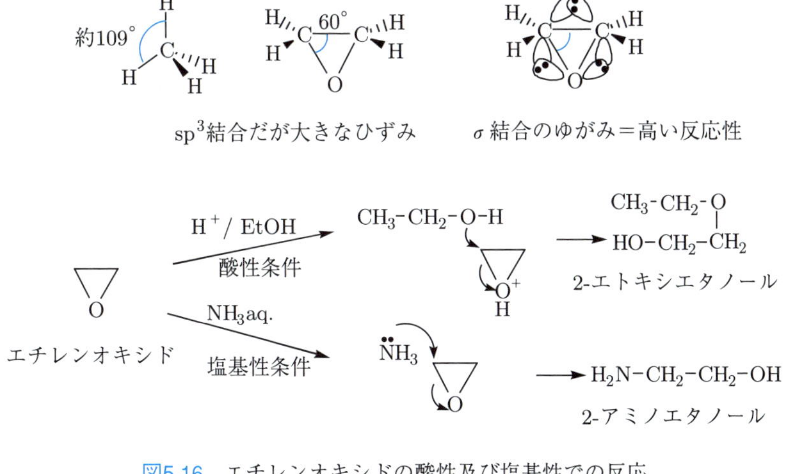

図5.16　エチレンオキシドの酸性及び塩基性での反応

演 習 問 題
第5章

1　次の化合物の名称を示せ．

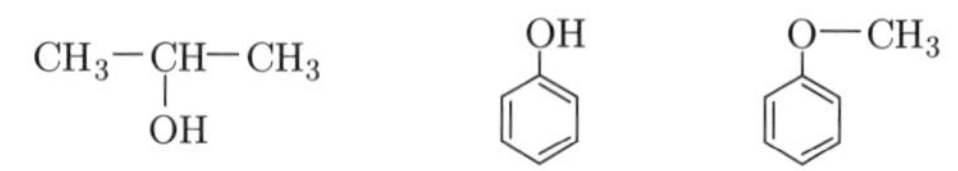

2　アルコールは同程度の分子量の他の炭化水素に比べ沸点が高い．なぜか．

3　第一級アルコールを酸化させてアルデヒドで酸化を止めたい場合，どのような試薬を使えばよいか．

4　アルコールをハロゲン化水素酸と反応させた場合，ハロゲン化物を与える．第一級アルコールの場合，この立体はどのようになるか．また第三級アルコールの場合，どのような副反応が起こりえるか．

5　次の反応で予想される生成物は何か．

$$H_3C-C(CH_3)_2-O-CH_3 \quad + \quad HI \longrightarrow$$

6　エポキシドはどのように合成するか．

7　グリニャール試薬はエチレンオキシドと反応しどのような生成物を与えるか．また安定なはずのエーテルがなぜこのような反応を起こすのか．

第6章

アルデヒドとケトン

本章の内容

6.1 アルデヒドとケトン

6.1.1 アルデヒドとは

分子内にホルミル基-CHOを有する化合物．アルデヒド，ケトンは共にカルボニル基（C=O）を有する．

カルボン酸やアルデヒドはアルコールやハロゲンよりも優先順位が高く，この炭素を1と置いて命名することが多い．

6.1.2 アルデヒドの命名法と構造

アルデヒドの慣用名は炭化水素の一価基の呼称の語尾にアルデヒド（aldehyde）が付く．IUPAC命名法ではアルデヒドの結合していない基本炭素骨格の名称の最後の-eの代わりにアール（-al）を付ける．アルデヒドは優先順位が高く，アルデヒド炭素を「1」にすることが多い．アルデヒドのC=O結合はアルケン同様二重結合でsp^2混成軌道を取るためR−(C=O)−Hは同一平面に存在し，π結合の電子雲が平面上下方向に存在する．

アルデヒドの二重結合はアルケンと違い，電子的な偏りが強い．求核攻撃を受けやすいほか，種々の反応性に富んでいる．

アルデヒドはケト-エノール平衡を取っている．塩基によりプロトンを奪われるとエノーラートアニオンとなり安定化する．

6.1.3 アルデヒドの性質

アルデヒドのC=O二重結合は電気陰性度の大きな（3.5）酸素が結合しているため，π電子は酸素側に大きく偏っている．また，酸素には孤立電子対が二つあり，炭素側がδ^+に酸素側がδ^-に大きく分極している．したがってδ^+の炭素は求核試薬の攻撃を受けやすく，酸素側はルイス酸と結合しやすい．強く分極していることから比較的分子内に極性があり，アルコールなどの極性溶媒と水素結合を形成し，溶媒和するため極性溶媒にも比較的溶けやすい．カルボニル基のα水素（カルボニル基の隣の炭素に結合した水素）は酸性度が高く，強塩基の存在下，エノラートアニオンを生じる．エノラートアニオンは求核性が強く，他のカルボニル化合物の炭素を求核攻撃し，炭素-炭素結合を形成する．

アルデヒドは酸化還元を受けやすく，空気中の酸素で徐々にカルボン酸に酸化される．

表6.1　アルデヒドの命名法

	慣用名		IUPAC名
H-CHO	ホルムアルデヒド	formaldehyde	methanal
CH_3-CHO	アセトアルデヒド	acetaldehyde	ethanal
C_2H_5-CHO	プロピオンアルデヒド	propionaldehyde	propanal
-CHO	ベンズアルデヒド	benzaldehyde	

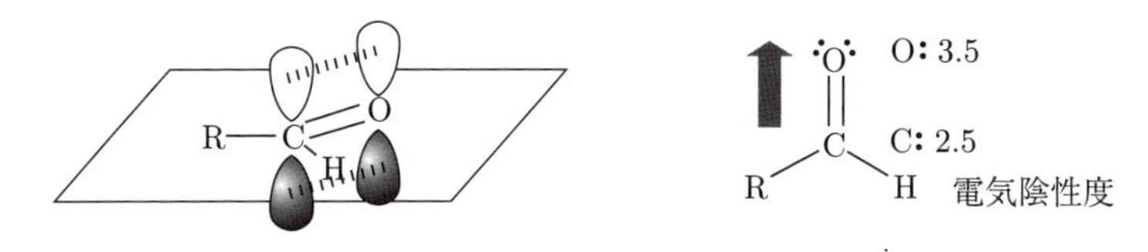

図6.1　アルデヒドの構造とπ電子の分極

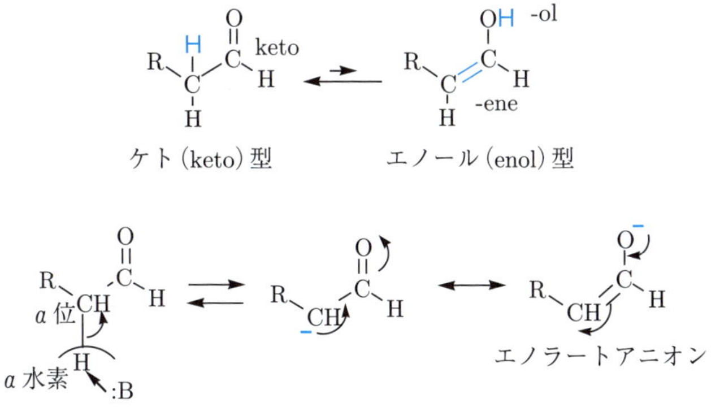

ケト(keto)型　エノール(enol)型

エノラートアニオン

図6.2　ケト–エノール平衡とエノラートアニオン

6.1.4 アルデヒドの合成

●アルコールの酸化

アルデヒドは酸化・還元どちらの反応も起こしやすいので合成にも反応制御にも注意が必要.

アルデヒドは第一級アルコールの酸化により合成できる.生成するアルデヒドは酸化に弱いので通常の酸化剤(過マンガン酸,クロム酸類)ではカルボン酸に酸化されてしまう.クロロクロム酸ピリジニウム(PCC)を用いることにより,アルデヒドで酸化を止めることができる.

●オゾン分解

アルケンをオゾン分解するとモルオゾニドを経てオゾニドとなる.オゾニドを還元条件で加水分解するとアルデヒドやケトンが生成する.

●アルキンのヒドロホウ素化

アルケンのヒドロホウ素化ではアンチマルコフニコフ配向のアルコールが生成するが,1-アルキンのヒドロホウ素化では1-エン-1オールを経由して,ケト型のアルデヒドを生成する.

●酸ハロゲン化物の還元

酸ハロゲン化物(7.2節)は反応性が高く,求核性の低い試薬とも反応しハロゲン化物イオンが脱離する.通常の水素化リチウムアルミニウムではアルコールに還元されるため,反応性を落とした還元剤を用いてアルデヒドに導くことができる.

●ベンジルハライド類の加水分解

芳香族アルデヒドはベンジルジクロリドを加水分解することによりジオールを経てアルデヒドに導くことができる.

●ライマー-ティーマン(Reimer-Tiemann)反応

ジクロロカルベンは孤立電子対があるが6電子でオクテットを保っていないため,強力な求電子試薬である.

クロロホルムと強アルカリから生成したジクロロカルベンを求電子試薬(3.1節)として用いることにより,フェノールのオルト位にアルデヒドを導入することができる.

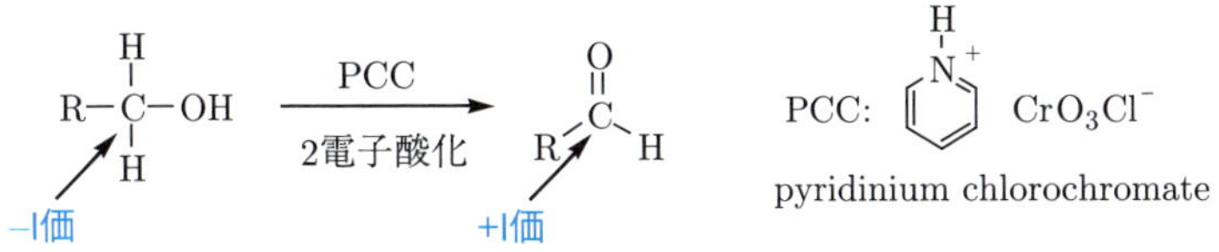

図6.3　第一級アルコールの酸化によるアルデヒドの合成

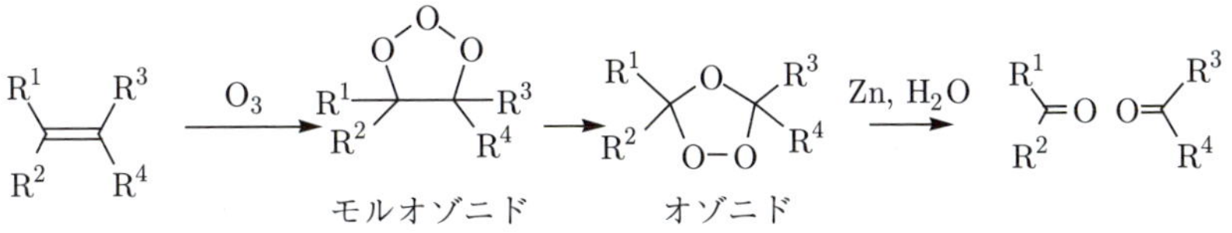

図6.4　オゾン分解によるアルデヒド，ケトンの合成

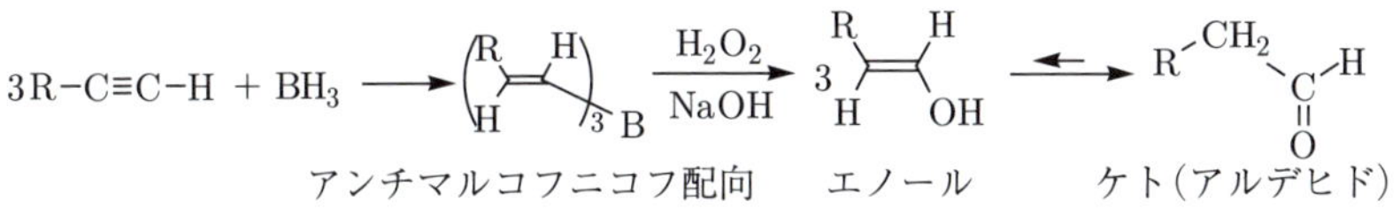

図6.5　アルキンのヒドロホウ素化

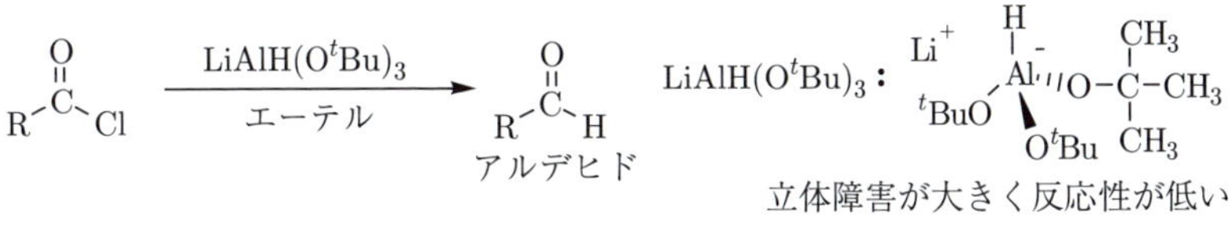

図6.6　酸ハロゲン化物の還元

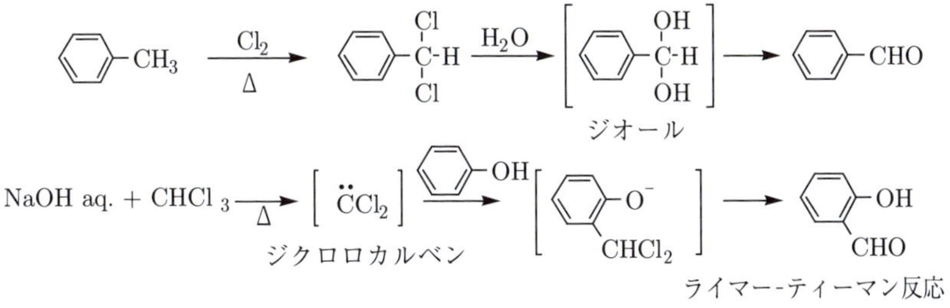

図6.7　ベンジルハライド類の加水分解による芳香族アルデヒド合成

6.1.5 アルデヒドの反応

フリーデル-クラフツ反応でアルキル化を行いたい場合，アシル化が終わった後アルカンに還元すれば良い.

●アルデヒド，ケトンの酸化反応・還元反応

ケトンはホルミル水素 (カルボニル基に直接結合した水素) がないため酸化されにくいが，アルデヒドはホルミル水素が容易に酸化されカルボン酸となる．この性質を利用し，酸化力の比較的弱い金属イオンを用いて，糖のアルデヒドの分析にフェーリング反応 (11.1 節) が使われている.

ケトン，アルデヒドはヒドリド還元剤 (水素化リチウムアルミニウム，水素化ホウ素ナトリウム) によりアルコールとなる．強塩基条件下，ヒドラジンと加熱するとアルカンまで還元される (ウォルフ-キッシュナー (Wolff-Kishner) 還元)．また塩酸酸性中，亜鉛アマルガムと処理すると同様にアルカンまで還元される (クレメンゼン (Clemmensen) 還元).

●カルボニル炭素への求核反応

負電荷を帯びた炭素や孤立電子対を持つヘテロ原子は求核試薬としてカルボニルの炭素を攻撃する．アルデヒドは水中で水の酸素の孤立電子対の攻撃を受け，ジオールを形成している．また，アルコールの孤立電子対の攻撃を受けるとヘミアセタール (11.1 節) を形成し，さらに脱水が進行しアセタールへと変化する．カルボニル基への求核反応は 6.2 節で紹介する.

●アルドール縮合とカニッツァロ (Canizzaro) 反応

α 水素を持つアルデヒドをアルカリ水溶液中で処理するとアルドール縮合を起こす．α 水素がないアルデヒドを強アルカリ性中で処理すると水酸化物イオンがカルボニル基を攻撃し，最終的に水素がヒドリド (H^-) で脱離し，カルボン酸に酸化される．またヒドリドは別のアルデヒドを攻撃し第一級アルコールへと還元する．酸化･還元が同時に起こるこのアルデヒドの不均化反応をカニッツァロ反応と呼ぶ.

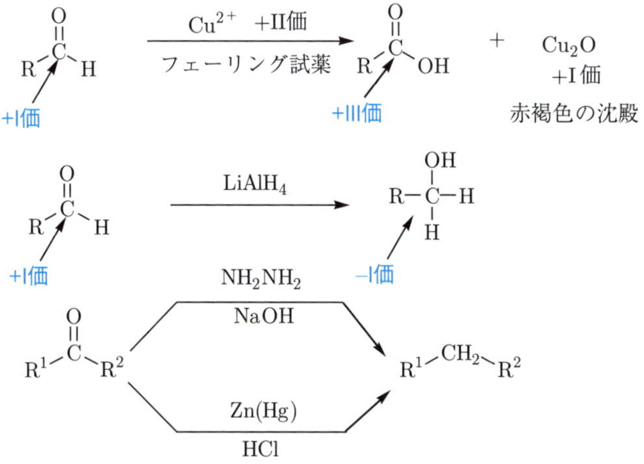

Cu^{2+}　+II価
フェーリング試薬
+I価　+III価
Cu_2O
+I価
赤褐色の沈殿

$LiAlH_4$
+I価　−I価

NH_2NH_2
NaOH
Zn(Hg)
HCl

図6.8　アルデヒド，ケトンの酸化還元反応

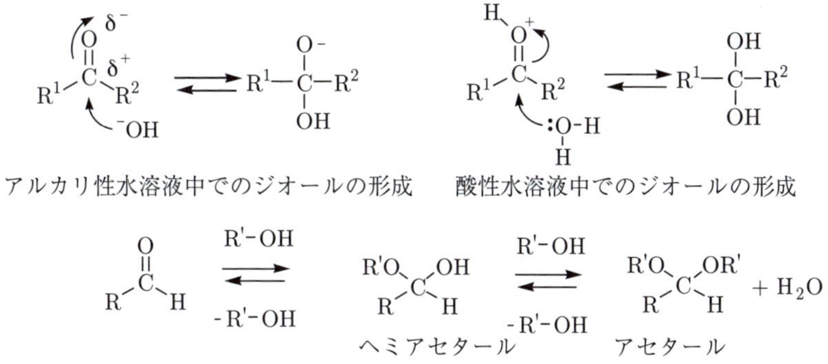

アルカリ性水溶液中でのジオールの形成　酸性水溶液中でのジオールの形成

R'-OH　-R'-OH
ヘミアセタール　アセタール　+ H_2O

図6.9　カルボニルへの非共有電子対の攻撃

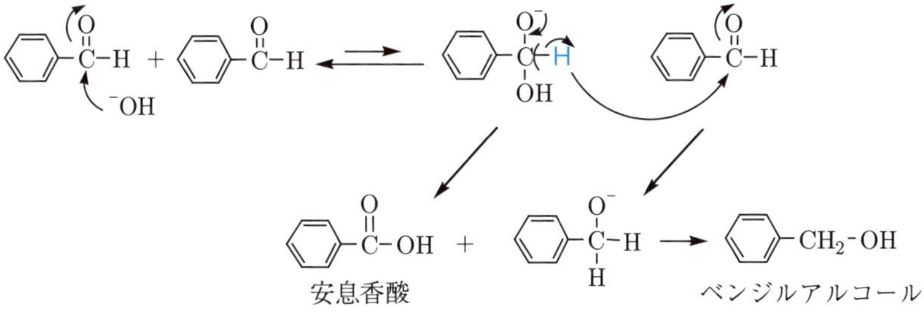

安息香酸　ベンジルアルコール

図6.10　カニッツァロ反応

6.2 ケトン

6.2.1 ケトンとは

ケトンとはカルボニル基を有し，カルボニル基の両側にアルキル基またはアリール基が結合しているものの総称をいう．

6.2.2 ケトンの命名法

アルデヒドとケトンは反応性に富むので合成においてキーになる化合物である．

ケトンの慣用名としてはケトンの両側に結合したアルキル基の名前を示し，最後にケトン (ketone) を付ける．IUPAC 命名法ではカルボニルとなっている部位を数字で示し，その位置にオン (one) を付ける．

6.2.3 ケトンの性質

炭素-炭素二重結合とカルボニル基が共役すると π 電子雲が広がるため通常のケトンとは異なり，α, β-不飽和ケトンと求核剤との反応ではしばしば β 位への付加体が得られ，この反応は共役付加反応 (マイケル付加反応) と呼ばれる．

アルデヒド，ケトンは反応性の高いカルボニル炭素を有しているため，合成上非常に有用な化合物である．また，天然物の中にもアルデヒド，ケトンは多く見受けられる．ケトンは酸化には強く，通常の酸化剤ではこれ以上酸化されない．α, β-不飽和ケトンではカルボニル基とアルケンの π 電子は共鳴し電子は非局在化するためマイケル付加反応を起こす．

6.2.4 ケトンの合成

●アルコールの酸化反応

ケトンはこれ以上酸化されにくいので，第二級アルコールを過マンガン酸イオンなど通常の酸化剤で酸化することにより得られる．

●アルキンの水和

アルキンを硫酸で処理するとマルコフニコフ則に従いより級数の多いアルコールのエノールを生成し，その後ケト体に互変異性が起こる．

●フリーデル-クラフツ反応

芳香族ケトンの合成にはフリーデル-クラフツ反応 (3.4節) を用いる．酸ハロゲン化物と無水塩化アルミニウムを用い，芳香環にアシル基を導入する優れた方法である．

表6.2　ケトンの命名法

	慣用名		IUPAC名
CH_3-CO-CH_3	アセトン	acetone	propanone
CH_3-CH_2-CO-CH_3	メチルエチルケトン	methylethylketone	butanone
CH_3-CH_2-CH_2-CO-CH_3	メチルプロピルケトン	methylpropylketone	2-pentanone
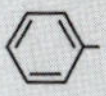 C_6H_5-CO-CH_3	アセトフェノン	acetophenone	

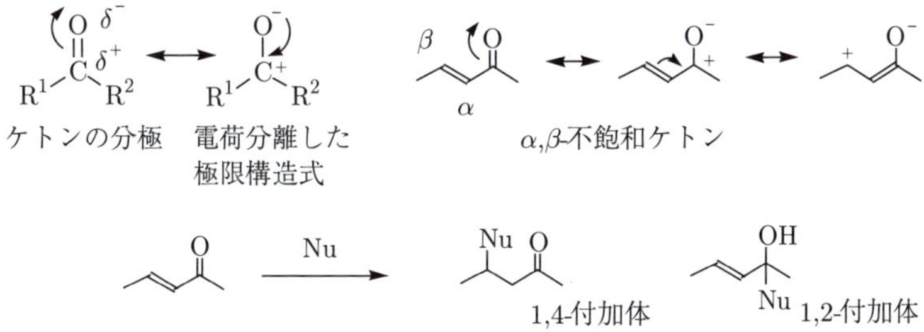

図6.11　ケトンの分極と極限構造式，1,2-付加と1,4-付加

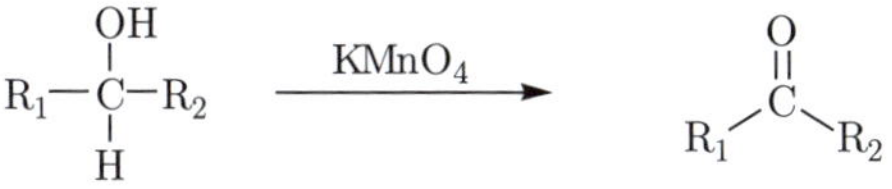

図6.12　第二級アルコールの酸化によるケトンの合成

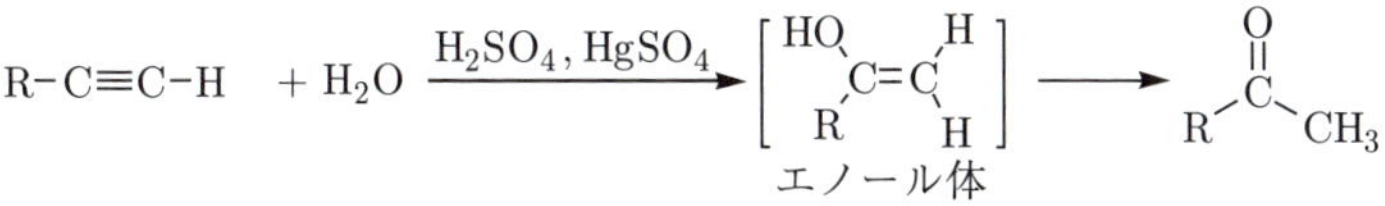

図6.13　アルキンの硫酸付加による水和

図6.14　フリーデル-クラフツアシル化反応による芳香族ケトンの合成

6.2.5 ケトンの反応

●還元反応

ケトンは酸化剤に安定であり通常の酸化剤では酸化されない．水素化リチウムアルミニウムや比較的反応性の低い水素化ホウ素ナトリウムでも第二級アルコールに還元される．またボランやアルカリ金属によっても還元される．

●グリニャール反応

有機合成化学ではグリニャール反応が最も汎用性のある反応の一つである．反応後アルコールをハロゲン化物に変換するとマグネシウムを使用することで次のグリニャール試薬が合成できる．

グリニャール試薬は代表的な求核試薬であり，カルボニル炭素との反応は有機合成化学の中で最も重要なものの一つである．グリニャール試薬はハロゲン化アルキル(4章)とマグネシウムにより生成する有機金属で，その炭素はマグネシウムにより還元され負電荷を帯びており，求核性がある．エーテル溶液中，グリニャール試薬はケトンおよびアルデヒドの電子不足の炭素を攻撃し，π 電子を電気陰性の酸素上移動させ，マグネシウムイオンとイオン結合を形成する．反応後は酸で処理することによりそれぞれ第三級または第二級のアルコールに導くことができる．

●アルドール (aldol) 縮合

炭素アニオンとして次に重要な求核試薬はエノラートアニオンである．アルデヒドやケトンの α 水素は酸性度が高く，適当な塩基を作用させるとエノラートアニオンを形成する．エノラートアニオンはカルボニル炭素を求核攻撃し，アルドール(アルデヒドとアルコールの両者を持つ)を形成する．α 水素を持たないアルデヒドを加えると，このアルデヒドはエノラートアニオンを形成しないためカルボニル化合物としてのみ反応し，交差アルドール縮合が起きる．また，反応を強アルカリ中で加熱すると脱水を伴い α,β-不飽和カルボニル化合物を形成する．

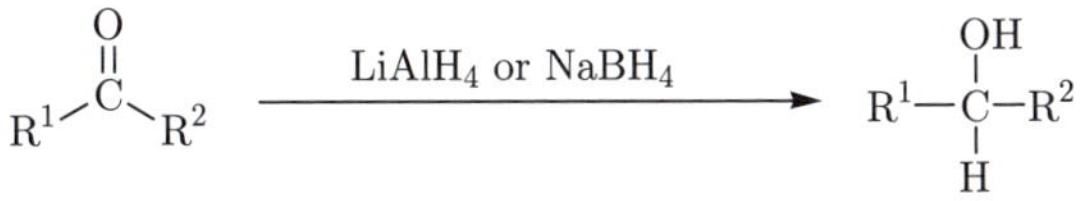

R^1-CO-R^2 —(LiAlH$_4$ or NaBH$_4$)→ R^1-CH(OH)-R^2

図6.15　ケトンの還元反応

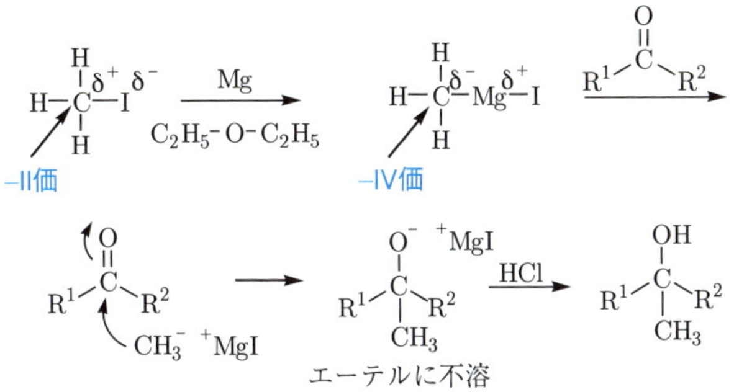

CH_3I (δ^+ C–I δ^-, –II価) —(Mg, C_2H_5-O-C_2H_5)→ CH_3MgI (δ^- C–Mg δ^+, –IV価) —(R^1COR^2)→

R^1COR^2 + CH_3^- $^+$MgI → $R^1R^2C(CH_3)O^-$ $^+$MgI（エーテルに不溶）—(HCl)→ $R^1R^2C(CH_3)OH$

図6.16　グリニャール反応

H_3C-CHO —(:B 塩基)→ H_2C^--CHO (H :B$^+$) —(H_3C-CHO)→ H_3C-CH(δ^+)=O(δ^-) + H_2C^--CHO

H :B$^+$

H_3C-CH(O$^-$)-CH_2-CHO → H_3C-CH(OH)-CH_2-CHO（アルコール　アルデヒド；アルドール）—($-H_2O$)→ H_3C-CH=CH-CHO

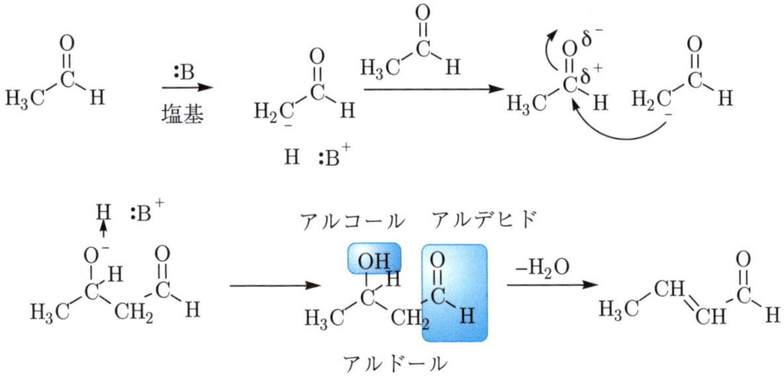

図6.17　アルドール縮合

●マイケル (Michael) 反応

α, β-不飽和カルボニル化合物の π 電子雲は共鳴しており，電子は非局在化している．β 位は共鳴のため δ^+ 性が強く，求核試薬は β 位も攻撃する．最終的には α 位のプロトンが酸素上に移動し (ケト-エノール互変異性)，1,4-付加体 (マイケル付加体) が生成する．これをマイケル反応と呼ぶ．

●ヒドロキシルアミンとの反応

ヘテロ原子のうち窒素の非共有電子対は求核性が強く，ケトンのカルボニル炭素を攻撃し，アミノアルコールを経由してイミンを生成する．ヒドロキシルアミンとの反応では窒素の非共有電子対がカルボニル炭素を攻撃し脱水を伴いオキシムを形成する．ヒドロキシルアミンにより生成するオキシムは一般に溶解度が低いため，結晶の形で単離しやすい．オキシムはベックマン転移など転位反応するため，ナイロンなど高分子材料 (14.4節) の原料に利用される．

オキシムはナイロンの原料に，シアン化物は加水分解によりカルボン酸へ，還元によりアミンへと合成上有用である．

●シアンヒドリン合成

シアン化物も求核性を持ち，カルボニル炭素を攻撃しシアンヒドリンを形成する．これらの反応はすべて可逆な平衡反応で，単離するには平衡をずらす必要がある．

●ウィッティッヒ (Wittig) 反応

トリフェニルホスフィンとアルキルハライドから作ったホスホニウム塩に強塩基を加えるとリンイリドが生成する．このリンイリドはカルボニル基と反応しベタインを形成した後，トリフェニルホスフィンオキシドが脱離し，アルケンが生成する．脱離反応を用いるアルケンの合成 (3.1節) ではアルケンの位置の制御が困難である．ウィッティッヒ反応を用いれば，リンイリドの元となるハロゲン化アルキルを変え，対応するケトンを用いることによりさまざまなアルケンを合成することができる．

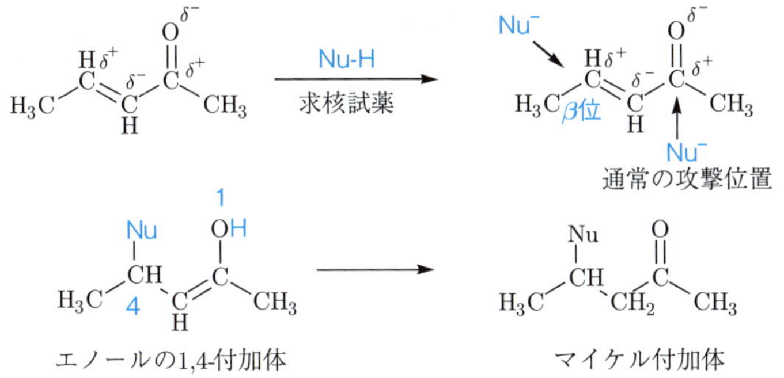

図6.18　マイケル反応と1,4-付加体

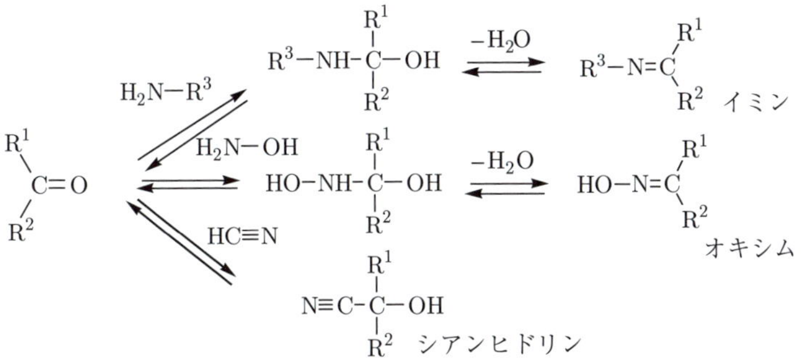

図6.19　求核試薬とケトンの可逆な反応

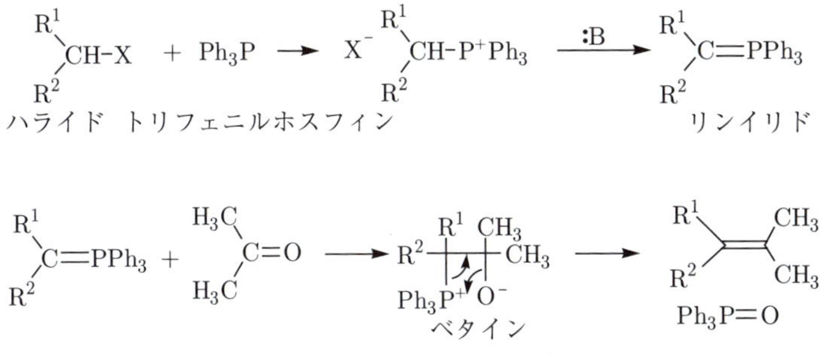

図6.20　ウィッティッヒ反応

演 習 問 題
第6章

1 次の化合物の名称を示せ.

$CH_3-CH_2-CH_2-CHO$　　$CH_3-CH(CH_3)-CHO$　　C_6H_5-CHO（ベンズアルデヒド構造式）

$CH_3-C(=O)-CH_3$　　$CH_3-CH_2-CH_2-C(=O)-CH_2-CH_3$　　$C_6H_5-C(=O)-CH_3$（構造式）

2 次の反応により生成する物質を書け.

$H_3C-C(=O)-CH_3$ ＋ C_6H_5CHO $\xrightarrow{\text{NaOHaq.}}$

$H_3C-C(=O)-CH_3$ ＋ 2 C_6H_5CHO $\xrightarrow{\text{NaOHaq.}}$

2 C_6H_5CHO $\xrightarrow[\text{強熱}]{\text{NaOHaq.}}$

CH_3-Mg-I ＋ C_6H_5CHO $\xrightarrow[Et_2O]{}$ $\xrightarrow{H^+}$

$LiAlH_4$ ＋ C_6H_5CHO $\xrightarrow[\text{THF}]{}$ $\xrightarrow{H^+}$

第7章

カルボン酸とその誘導体

本章の内容

7.1　カルボン酸

7.1.1　カルボン酸とは

カルボン酸とはカルボキシ基を有する有機酸である.

カルボン酸はその構造中に−COOH (カルボキシ基) を有する物質の総称である. 代表的なカルボン酸として酢酸 (酢の主成分) が知られている.

7.1.2　カルボン酸の命名法と構造

カルボン酸の慣用名は炭化水素の一価基の呼称の語尾を-ic に変え acid(酸) を付ける. IUPAC 命名法では炭化水素の命名法の最後の-e の代わりに-oic を付け, さらに acid を付ける.

カルボン酸のカルボキシ基 (−COOH) には C=O 二重結合があり, sp^2 混成軌道を含むため平面となる. 炭素原子が一方の酸素と二重結合し, 水酸基 (−OH) と一重結合している.

7.1.3　カルボン酸の性質

酸性度を表すには pK_a を用いる. カルボン酸に電子求引性置換基が付くと酸性度が上がり pK_a の数値が小さくなる.

カルボキシ基はアルコールの水酸基に比べ, 水素イオンを放出しやすく酸性度が高い. これは, 水素イオンを放出した後の共役塩基であるカルボキシラートアニオンが共鳴により安定化するからである. しかし, 鉱酸 (HCl, H_2SO_4) に比べると, 酸性度の指標 (小さいほど酸性が強い) であるイオン化定数 pK_a は大きい. 酢酸 ($pK_a = 4.76$) のメチル基の水素をフッ素に置換したトリフロロ酢酸 ($pK_a = 0.23$) では酸性度が 1 万倍以上高くなり鉱酸と匹敵する数値となる. これは電気陰性度の高いフッ素が結合することによりカルボキシ基の電子を吸引し, 共役塩基であるトリフロロ酢酸のカルボキシラートアニオンが安定化されるためである.

カルボキシ基は極性が強いため, アルカンなどの非極性有機溶媒中ではカルボン酸は 2 分子が会合し, 環状の二量体を作ることが知られている.

表7.1　カルボン酸の命名法

	慣用名		IUPAC名
H-COOH	ギ酸	formic acid	methanoic acid
CH_3-COOH	酢酸	acetic acid	ethanoic acid
CH_3CH_2-COOH	プロピオン酸	propionic acid	propanoic acid
$CH_3CH_2CH_2$-COOH	酪酸	butyric acid	butanoic acid
⌬-COOH	安息香酸	benzoic acid	benzenecarboxylic acid

カルボン酸の性質

$$\text{R-C(=O)-O-H} \rightleftarrows \left[\text{R-C(=O)-O}^- \longleftrightarrow \text{R-C(-O}^-\text{)=O}\right] + \text{H}^+$$

カルボン酸　カルボキシラートアニオン（共役塩基）　プロトン

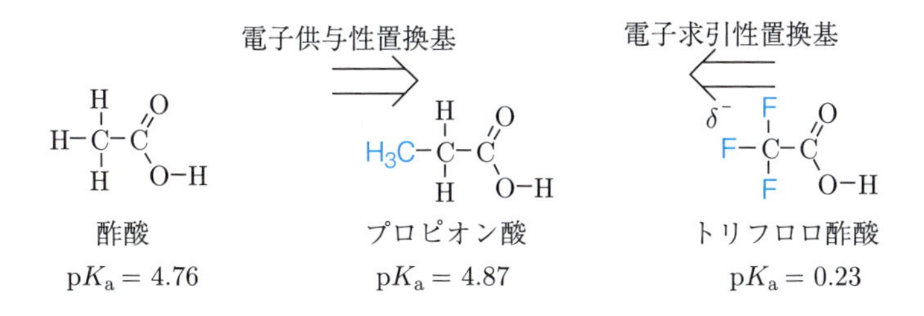

カルボン酸の構造

図7.1　カルボン酸の性質と構造

7.1.4 カルボン酸の合成

●第一級アルコールの酸化

カルボキシ基は酸化数が高い．アルコールやアルデヒドの酸化反応で合成する．

カルボン酸の炭素の酸化数は +III 価であり，有機化合物の酸化数の中では極めて高い．一般にカルボン酸は第一級アルコール (5.1 節) の酸化により合成される．酢酸はエタノールの酸化物として得られるため，酒の醸造に伴い，古来よりこの方法で調味料として合成されてきた (米酢やワインビネガーなど)．アルコールの酸化は実験室では二クロム酸などの酸化剤が用いられるのが一般的である．

●アルデヒドの酸化

アルデヒドは非常に酸化されやすい物質であり，室温でも徐々に空気酸化されて，カルボン酸を与える．種々の酸化剤の利用が可能である．

●芳香族アルキル側鎖の酸化

アルキル置換芳香族は過マンガン酸カリウム存在下，アルキル鎖長に関係なく安息香酸誘導体に酸化される．

●グリニャール試薬

グリニャール試薬をドライアイス (固体の二酸化炭素) と反応させることによりアルキル末端にカルボキシ基を導入することができる．$^{14}CO_2$ を用いて合成される放射性を持つトレーサーは，生物を用いた代謝実験を行う際に有用となる．

●エステルの加水分解

エステルなどのカルボン酸誘導体を加水分解することによりカルボン酸を得ることができる．特にエステルを強アルカリで処理し，アルコールとカルボン酸のアルカリ塩 (セッケン) にする反応をケン化という．長鎖アルキル基は疎水基であるため油汚れに付着し，親水基であるカルボン酸のナトリウム塩を水側に向けるミセル構造をとるため，洗浄力を持つセッケンとして作用を示す．

セッケンには親水性基と疎水性基があり，油をセッケンが覆ってミセルにして汚れを水に溶かす．

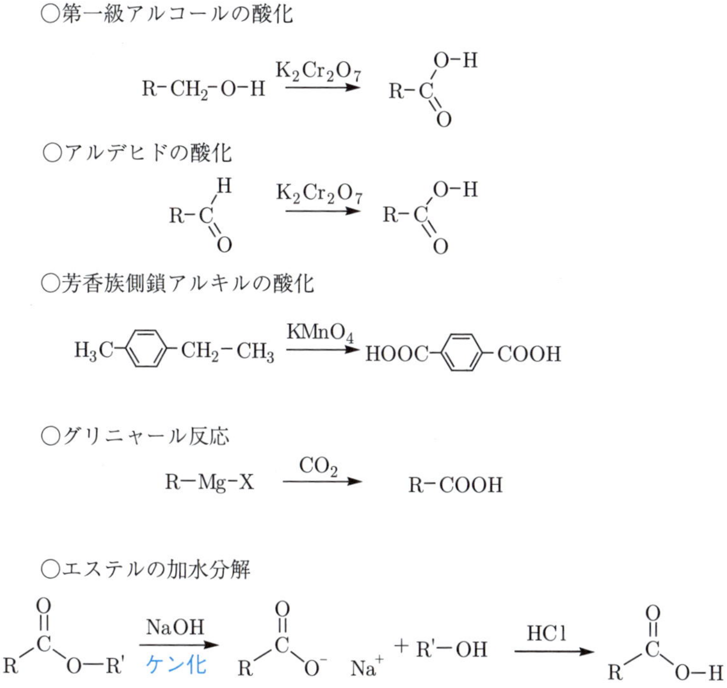

○第一級アルコールの酸化

$$\mathrm{R{-}CH_2{-}O{-}H \xrightarrow{K_2Cr_2O_7} R{-}C({=}O){-}O{-}H}$$

○アルデヒドの酸化

$$\mathrm{R{-}C({=}O){-}H \xrightarrow{K_2Cr_2O_7} R{-}C({=}O){-}O{-}H}$$

○芳香族側鎖アルキルの酸化

$$\mathrm{H_3C{-}C_6H_4{-}CH_2{-}CH_3 \xrightarrow{KMnO_4} HOOC{-}C_6H_4{-}COOH}$$

○グリニャール反応

$$\mathrm{R{-}Mg{-}X \xrightarrow{CO_2} R{-}COOH}$$

○エステルの加水分解

$$\mathrm{R{-}C({=}O){-}O{-}R' \xrightarrow[\text{ケン化}]{NaOH} R{-}C({=}O){-}O^{-}\ Na^{+} + R'{-}OH \xrightarrow{HCl} R{-}C({=}O){-}O{-}H}$$

図7.2 カルボン酸の合成

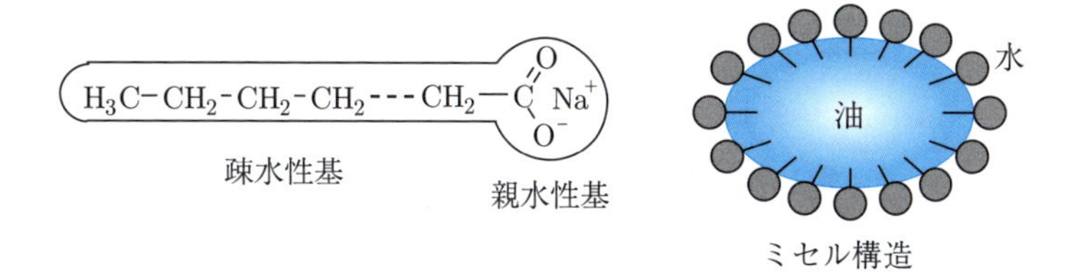

図7.3 セッケンによる洗浄メカニズムの概念図

7.1.5 カルボン酸の反応

●塩化チオニルとの反応

カルボン酸は塩化チオニルと反応し，反応性の高い酸塩化物となる．酸塩化物は種々の試薬と反応し，試薬に応じてそれぞれのカルボン酸誘導体 (7.2 節) へと導かれる．

●アルコールとの反応

カルボン酸は酸触媒存在下，アルコールと脱水縮合し，エステルとなる．この反応は平衡反応なので，効率良く反応を進行させるには生成した水を除去するか，アルコールを大量に使用し平衡反応を右側にずらす必要がある．

●アミンとの反応

カルボン酸は酸性を示すため，塩基性のアミンとはそのままでは有機溶媒に難溶性の塩を作るため反応しない．DCC (ジシクロヘキシルカルボジイミド) のような縮合試薬 (10.1 節) を用いることで縮合反応が進行する．図 7.5 に示すように安定な尿素 (ウレア) 誘導体が生成することがドライビングフォースとなる．アミノ酸のペプチド合成反応など温和な条件が必要な場合，室温程度で縮合反応させアミドに導くことができる．

有機化学では不安定な試薬を用いることが多い．不安定な試薬は安定な物質に変化することにより作用させたい基質を化学変化させる．この化学反応における前向きな力をドライビングフォース (推進力) と呼ぶ．

●アルカリとの反応

カルボン酸は弱酸であるが，フェノキシドイオンや炭酸水素イオンよりは強酸であるので，その対イオンのカチオンを奪いカルボン酸のアルカリ塩を作る．

●還元剤との反応

カルボン酸は酸化数が高いので，還元剤である水素化リチウムアルミニウムと反応しアルコールを生成する．

●ハロゲンとの反応

カルボン酸は少量のリンの存在下ハロゲンと反応し，α 位がハロゲン化される．この反応はアミノ酸合成 (10.1 節) や骨格構築反応 (7.2 節) において重要な反応となる．

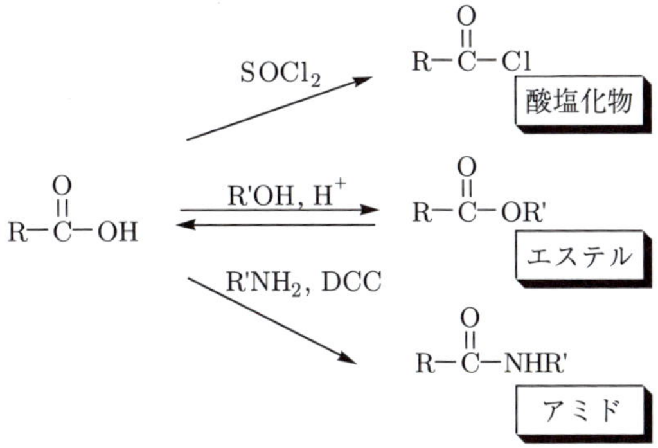

$$\mathrm{R{-}\overset{O}{\overset{\|}{C}}{-}OH} \xrightarrow{SOCl_2} \mathrm{R{-}\overset{O}{\overset{\|}{C}}{-}Cl}$$

酸塩化物

$$\mathrm{R{-}\overset{O}{\overset{\|}{C}}{-}OH} \underset{}{\overset{R'OH,\ H^+}{\rightleftarrows}} \mathrm{R{-}\overset{O}{\overset{\|}{C}}{-}OR'}$$

エステル

$$\mathrm{R{-}\overset{O}{\overset{\|}{C}}{-}OH} \xrightarrow{R'NH_2,\ DCC} \mathrm{R{-}\overset{O}{\overset{\|}{C}}{-}NHR'}$$

アミド

図7.4　他のカルボン酸誘導体へのカルボン酸の反応

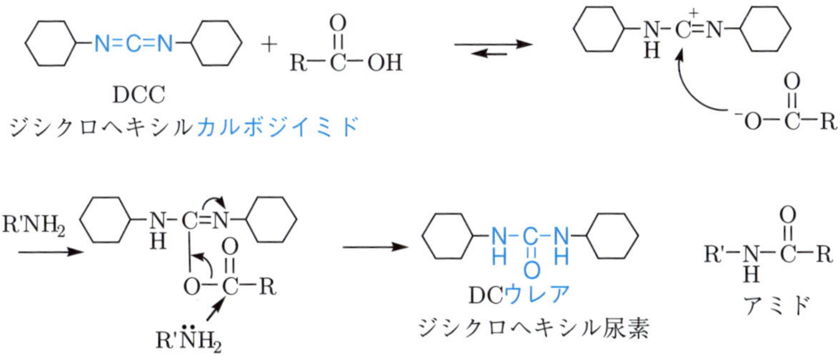

DCC

ジシクロヘキシルカルボジイミド

$R'NH_2$

DCウレア

ジシクロヘキシル尿素

アミド

図7.5　DCCによるカルボン酸とアミンからのアミド合成

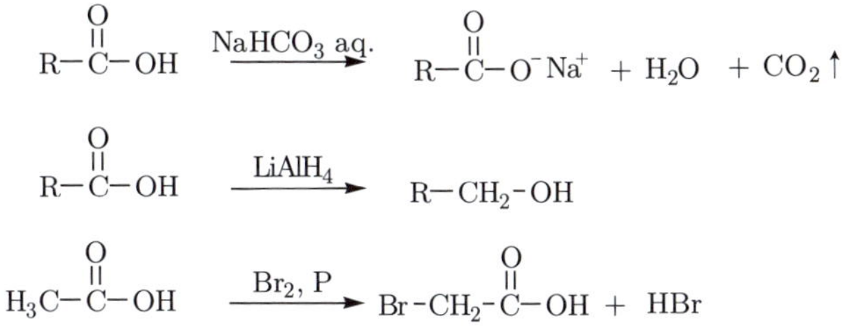

$$\mathrm{R{-}\overset{O}{\overset{\|}{C}}{-}OH} \xrightarrow{NaHCO_3\ aq.} \mathrm{R{-}\overset{O}{\overset{\|}{C}}{-}O^-Na^+} + H_2O + CO_2\uparrow$$

$$\mathrm{R{-}\overset{O}{\overset{\|}{C}}{-}OH} \xrightarrow{LiAlH_4} \mathrm{R{-}CH_2{-}OH}$$

$$\mathrm{H_3C{-}\overset{O}{\overset{\|}{C}}{-}OH} \xrightarrow{Br_2,\ P} \mathrm{Br{-}CH_2{-}\overset{O}{\overset{\|}{C}}{-}OH} + HBr$$

図7.6　その他のカルボン酸の反応

7.2 カルボン酸誘導体

7.2.1 カルボン酸誘導体とは

カルボン酸の水酸基が他の置換基で置換したものをカルボン酸誘導体と呼ぶ．カルボン酸および他の誘導体とは相互の官能基変換が容易である．

7.2.2 カルボン酸誘導体の命名法と構造

●**酸ハロゲン化物**　水酸基がハロゲンと置換したもの．酸塩化物が代表であり，前に塩化 (英名では chloride を後に) を付け酸の -ic を -yl に変える．

●**酸無水物**　カルボン酸どうしが脱水した化合物で酸のアルキル部の呼称の前に無水 (anhydride) を付ける．

●**エステル**　カルボン酸とアルコールが脱水縮合したもの．酸名を前にアルコール名を後に書く．英名ではアルコールのアルキル部の呼称を前に出し，酸アルキル部の呼称の -ic を -ate に変える．

●**アミド**　カルボン酸とアミンが脱水縮合したもの．酸アルキル部の呼称の -ic を amide に変える．

7.2.3 カルボン酸誘導体の性質

カルボン酸誘導体は生体系には必須の化合物．タンパク質や脂肪の合成や分解を理解するために必要である．

一般にカルボン酸は親水性のため水に溶けやすい．また，アルカリ性水溶液中では水素イオンが電離し溶解度が上昇する．カルボン酸誘導体では水酸基を有しないため水に対する溶解度は低い．これらカルボン酸誘導体では水素結合がほとんどないため，同一分子量のカルボン酸に対して蒸気圧が高い．特にエステルは果実や植物の香気性成分としてよく知られている．

エステルは油脂 (12.1節) の合成で，アミドはタンパク質 (10.2節) 合成に使われる重要な官能基である．

カルボニル基は δ^+ と δ^- に分極しており，アルデヒド・ケトン (第6章) と同様に求核試薬により δ^+ 性の高い炭素が求核攻撃を受けやすい．反応性はアルデヒドやケトンに比較するとかなり低い．

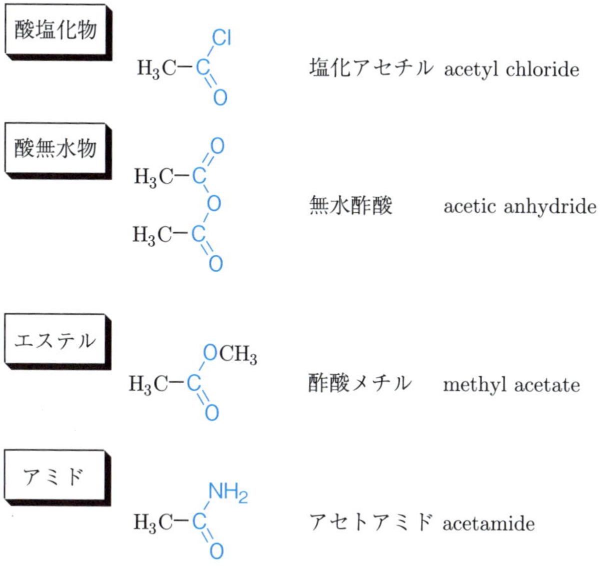

酸塩化物

$H_3C-C(=O)-Cl$ 塩化アセチル acetyl chloride

酸無水物

$H_3C-C(=O)-O-C(=O)-CH_3$ 無水酢酸 acetic anhydride

エステル

$H_3C-C(=O)-OCH_3$ 酢酸メチル methyl acetate

アミド

$H_3C-C(=O)-NH_2$ アセトアミド acetamide

図7.7 代表的なカルボン酸誘導体とその名称

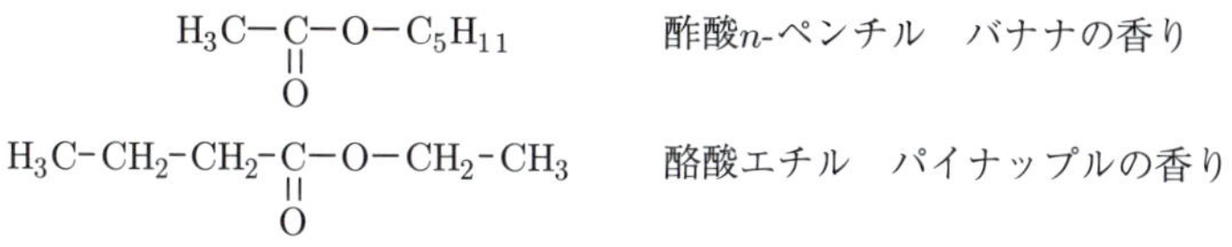

$H_3C-C(=O)-O-C_5H_{11}$ 酢酸n-ペンチル バナナの香り

$H_3C-CH_2-CH_2-C(=O)-O-CH_2-CH_3$ 酪酸エチル パイナップルの香り

図7.8 芳香を持つ代表的なエステル

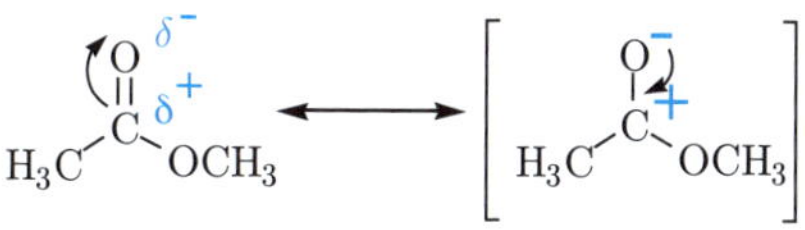

$H_3C-C^{\delta+}(=O^{\delta-})-OCH_3 \longleftrightarrow \left[H_3C-C^{+}(-O^{-})-OCH_3\right]$

図7.9 分極とイオンに分かれた極限構造式

7.2.4 カルボン酸誘導体の合成

いったん反応性の高い酸塩化物にしてから他のカルボン酸誘導体へ導く.

●酸塩化物

カルボン酸を塩化チオニル(または五塩化リン)と加熱する.

●酸無水物

酸塩化物とカルボン酸の塩を反応させる.

●アミド

酸塩化物とアミンを反応させる.

●エステル

酸塩化物とアルコールを反応させる.

カルボン酸誘導体どうしの相互変換は容易である. それぞれの誘導体の反応性はカルボニル基に結合した置換基の脱離しやすさに比例する. すなわち脱離したアニオンの安定性により誘導体の反応性が決まる. これらのうち, 塩化物イオンが最も安定な脱離生成物であるので, 酸塩化物が最も反応性が高いカルボン酸誘導体であり, 誘導体の相互変換には酸塩化物が最もよく用いられる.

7.2.5 カルボン酸誘導体の反応

●酸塩化物の反応

酸塩化物は塩化アルミニウムのようなルイス酸触媒存在下, 芳香族と反応し, フリーデル–クラフツのアシル化反応(3.4節)を起こす.

●アミドの反応

アミドは還元剤水素化リチウムアルミニウムと反応し, カルボニル基がメチレンに還元されアミンを生成する.

●エステルの反応

エステルは水素化リチウムアルミニウムと反応し, カルボニル基がメチレンに還元されアルコールを生成する.

エステルは2分子のグリニャール試薬(第4章)と反応し, 中間体としてケトンを生成した後, 第三級アルコールとなる. 同一の官能基を二個有する第三級アルコールの合成に有用である.

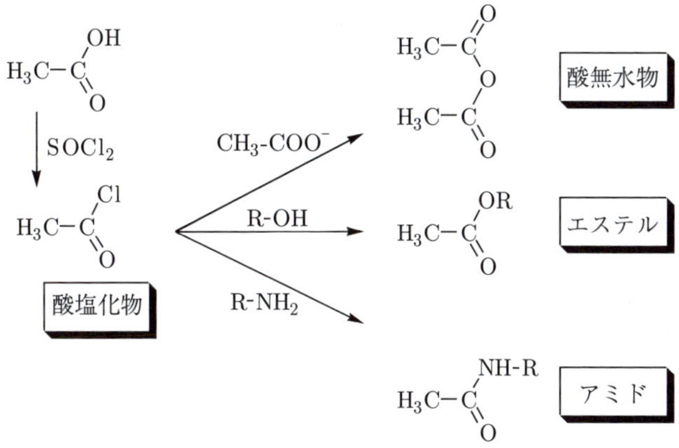

$H_3C-C(=O)OH$ —($SOCl_2$)→ $H_3C-C(=O)Cl$ 酸塩化物

$H_3C-C(=O)Cl$ —(CH_3-COO^-)→ $H_3C-C(=O)-O-C(=O)-CH_3$ 酸無水物

$H_3C-C(=O)Cl$ —(R-OH)→ $H_3C-C(=O)OR$ エステル

$H_3C-C(=O)Cl$ —($R-NH_2$)→ $H_3C-C(=O)NH-R$ アミド

図7.10　カルボン酸誘導体の合成

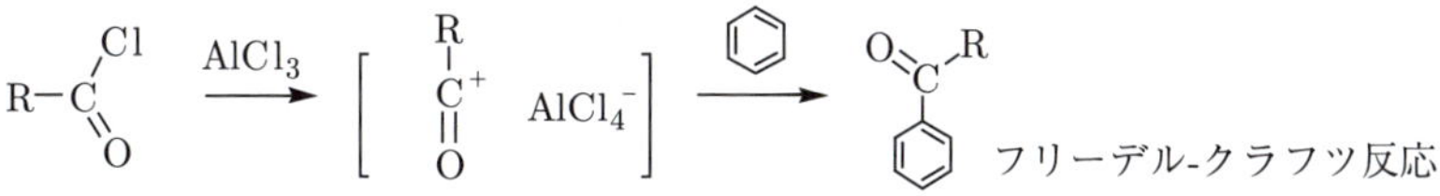

$R-C(=O)Cl$ —($AlCl_3$)→ [$R-C^+=O$　$AlCl_4^-$] —(ベンゼン)→ $C_6H_5-C(=O)-R$　フリーデル-クラフツ反応

図7.11　酸塩化物の反応

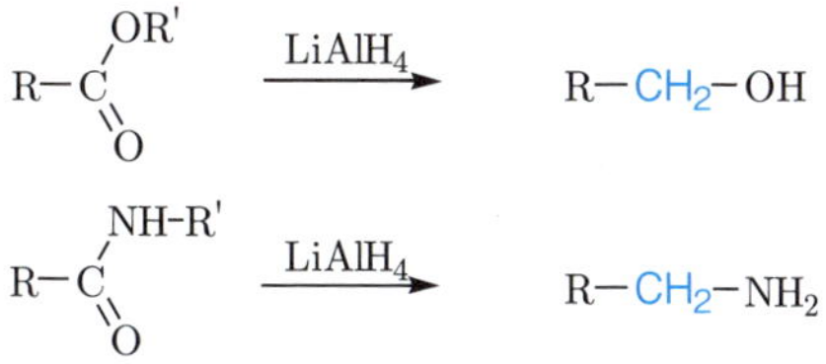

$R-C(=O)OR'$ —($LiAlH_4$)→ $R-CH_2-OH$

$R-C(=O)NH-R'$ —($LiAlH_4$)→ $R-CH_2-NH_2$

図7.12　カルボン酸誘導体の還元剤との反応

エステルは有機合成のキーとなる官能基. 活性メチレンは合成によく登場する. アミノ酸合成にも出てくる.

●エステルのクライゼン (Claisen) 縮合

酢酸エチルをナトリウムエトキシドで処理するとケトンのアルドール縮合の場合と同様にカルボニルの α 位の水素が塩基に引き抜かれカルボアニオンが生成する. このカルボアニオンが求核試薬としてもう一分子の酢酸エチルのカルボニル基を攻撃し, エトキシ基が脱離しアセト酢酸エチルとなる (クライゼン縮合). アセト酢酸エチルの中間に存在するメチレンは電子求引基であるカルボニル基に両方から引かれるため非常に酸性度が高い. この活性メチレンを有するアセト酢酸エステルは有機合成上非常に汎用性が高く, アセト酢酸エステル合成法としてよく用いられる.

活性メチレンにはこのほかマロン酸エステルが知られている. マロン酸エステルもアセト酢酸エステル同様, 二つのカルボニル基に活性メチレンの炭素の電子が引かれるため水素の酸性度が高く, マロン酸エステル合成法として有機合成反応に多く用いられる (10.1 節).

● α-ブロモエステルによるレフォルマトスキー (Reformatsky) 反応

α-ブロモエステルをアルデヒドまたはケトンの存在下, 金属亜鉛で処理すると β-ヒドロキシエステル誘導体が得られる.

中間体として生成する有機亜鉛化合物はエステルとは反応せずケトンやアルデヒドのカルボニル基のみ攻撃するため β-ヒドロキシ酸の合成に有用である.

エステルやアミドはケトン同様求核反応を受けやすいが, ケトンに比べると反応性は低く, 水素化ホウ素ナトリウム ($NaBH_4$) では還元されない. この反応性の差を利用し, 複数の官能基を有する化合物の合成における反応制御に応用可能である.

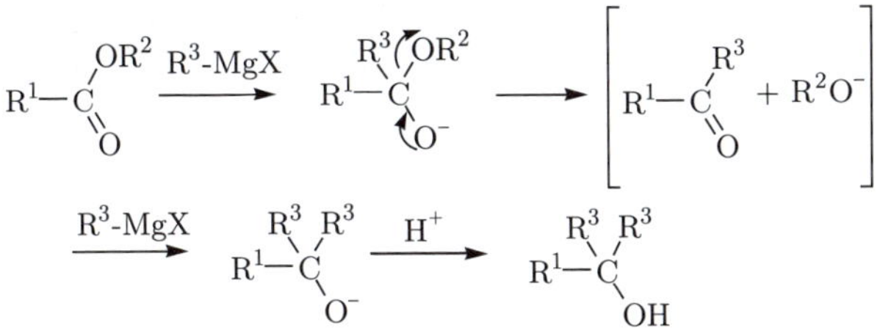

$$R^1-C(=O)-OR^2 \xrightarrow{R^3\text{-MgX}} R^1-C(R^3)(OR^2)-O^- \longrightarrow \left[R^1-C(=O)-R^3 + R^2O^- \right]$$

$$\xrightarrow{R^3\text{-MgX}} R^1-C(R^3)(R^3)-O^- \xrightarrow{H^+} R^1-C(R^3)(R^3)-OH$$

図7.13　エステルと2分子のグリニャール試薬との反応

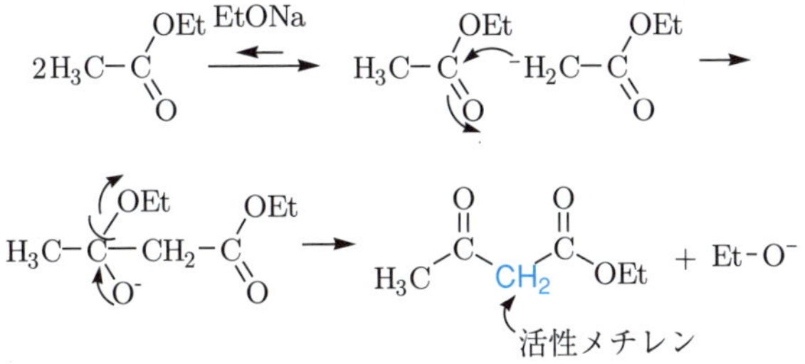

$$2H_3C-C(=O)-OEt \xrightleftharpoons{EtONa} H_3C-C(=O)-OEt \;\; {}^-H_2C-C(=O)-OEt \longrightarrow$$

$$H_3C-C(OEt)(O^-)-CH_2-C(=O)-OEt \longrightarrow H_3C-C(=O)-CH_2-C(=O)-OEt + Et-O^-$$

活性メチレン

図7.14　エステル2分子によるクライゼン縮合

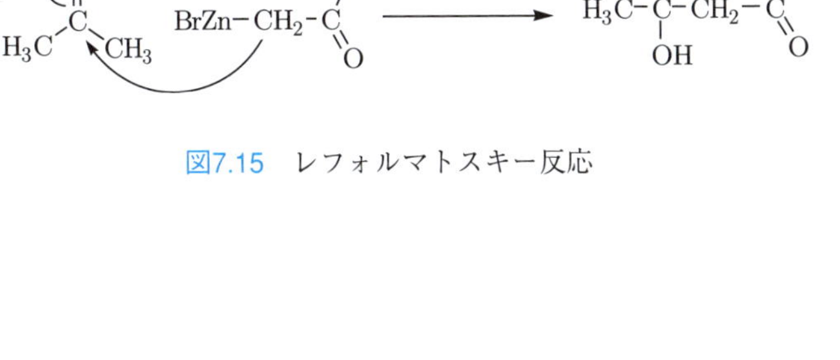

$$Br-CH_2-C(=O)-OEt \xrightarrow{Zn} BrZn-CH_2-C(=O)-OEt \xrightarrow{H_3C-C(=O)-CH_3}$$

$$H_3C-C(=O)-CH_3 \;\; BrZn-CH_2-C(=O)-OEt \longrightarrow H_3C-C(CH_3)(OH)-CH_2-C(=O)-OEt$$

図7.15　レフォルマトスキー反応

演 習 問 題
第7章

1　次の化合物の名称を示せ.

$CH_3-CH_2-CH_2-COOH$　　$CH_3-CH(CH_3)-COOH$

$CH_3-C(=O)-O-C_6H_5$　　$CH_3-C(=O)-NH_2$

$CH_3-CH_2-CH_2-C(=O)-O-CH_2-CH_3$　　$C_6H_5-C(=O)-OCH_3$

2　次の反応により生成する物質を書け.

$H_3C-C(=O)-OH \; + \; SOCl_2 \longrightarrow$

$H_3C-C(=O)-Cl \; + \; CH_3-CH_2-OH \longrightarrow$

$H_3C-C(=O)-Cl \; + \; C_6H_5-NH_2 \longrightarrow$

$2CH_3-Mg-I \; + \; H_3C-C(=O)-OCH_2CH_3 \xrightarrow{Et_2O}$

$LiAlH_4 \; + \; H_3C-C(=O)-OCH_2CH_3 \xrightarrow{THF}$

アミン

本章の内容

8.1 アミンとは

アミンとはアンモニアの誘導体と考えられ RNH_2, R_2NH, R_3N で表すことができる化合物を指す．揮発性の高いものはアンモニアに近い刺激臭または「魚臭い」アミン独特の臭気を持つ．

8.1.1 アミンの命名法と構造

フェニル基にアミノ基が置換した化合物を**アニリン**と呼ぶ．

窒素に結合したアルキル基の炭化水素の一価基の呼称を abc 順に書き，最後に語尾に amine (アミン) を付ける．複雑なアミンでは主鎖の名称に amino- (アミノ) と言う接頭語を付けて命名する．アミンの塩はアミンをアンモニウムで置き換えて，陰イオンの名称を付ける．

アミンの窒素は sp^3 混成だが置換基が異なっても光学活性はない．

アミンの窒素は分子中に 3 本の共有結合しか持っていないが，sp^3 混成軌道をとっており，四面体構造である．四面体の頂点には孤立電子対があるが，この四面体の非共有電子対は素早く反転するため，たとえ置換基がすべて異なっていて不斉となっていても光学活性を示すことはない．

8.1.2 アミンの性質

アンモニアは水溶液中で弱い塩基性を示す．アンモニアは孤立電子対が水のプロトンを奪い水酸化物イオンを遊離するからである．この塩基性度の指標がイオン化定数 $\mathrm{p}K_\mathrm{b}$ であり，この値が小さいほど塩基性が強い．アンモニアの $\mathrm{p}K_\mathrm{b}$ は一般のアルカリ (NaOH など) に比べると極めて大きい．カルボン酸で前述した (7.1 節) $\mathrm{p}K_\mathrm{a}$ と相補的な関係にあり，アミン RNH_2 の $\mathrm{p}K_\mathrm{b}$ は共役酸 $RNH_3{}^+$ の $\mathrm{p}K_\mathrm{a}$ と $\mathrm{p}K_\mathrm{a} = 14 - \mathrm{p}K_\mathrm{b}$ という関係になる．

酸は **acid** なので **a**，塩基は **base** なので **b** で表す．

アミンでは電子供与性置換基が結合すると塩基性は上がり $\mathrm{p}K_\mathrm{b}$ が下がる．

アミンの $\mathrm{p}K_\mathrm{b}$ はより電子供与性の置換基が結合することにより下がる．アニリンではアミノ基の孤立電子対が芳香環と共役するため，塩基性が低下し $\mathrm{p}K_\mathrm{b}$ は上がる．

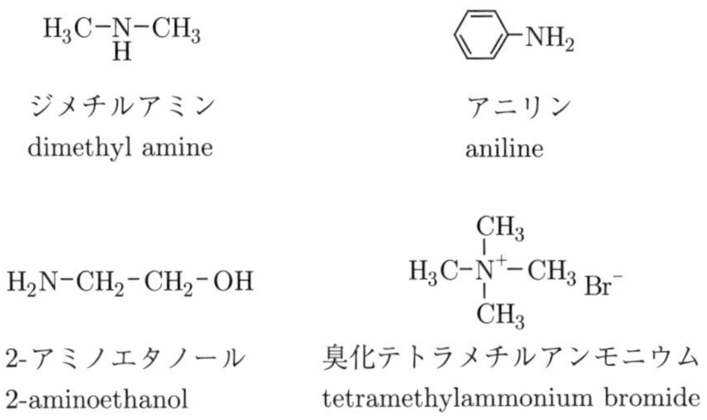
H3C-N-CH3
H
ジメチルアミン
dimethyl amine
NH2
アニリン
aniline
H2N-CH2-CH2-OH
2-アミノエタノール
2-aminoethanol
CH3
H3C-N+-CH3 Br−
CH3
臭化テトラメチルアンモニウム
tetramethylammonium bromide

図8.1　アミンの命名法

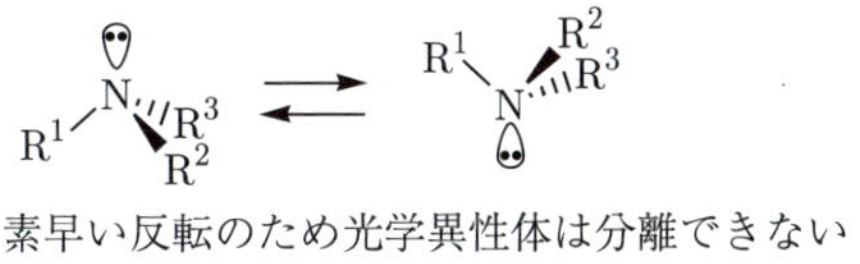
R1
N
R3
R2
素早い反転のため光学異性体は分離できない

図8.2　アミンの構造

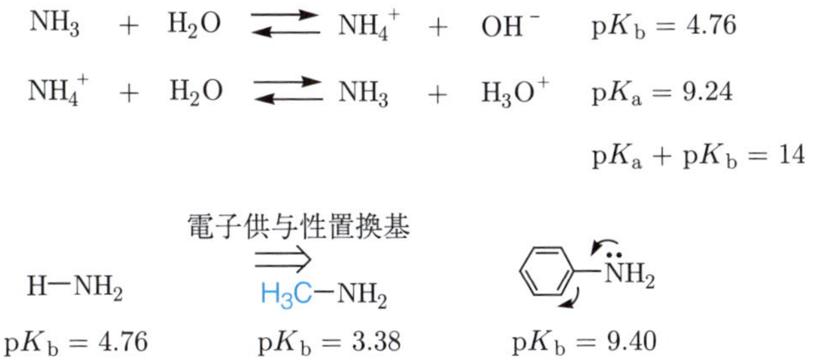
NH3 + H2O ⇄ NH4+ + OH− pKb = 4.76
NH4+ + H2O ⇄ NH3 + H3O+ pKa = 9.24
pKa + pKb = 14
電子供与性置換基
H−NH2
H3C−NH2
NH2
pKb = 4.76
pKb = 3.38
pKb = 9.40

図8.3　アミンの塩基性度(pK_b)

8.1.3 アミンの合成

ハロゲン化アルキルからアミンへの官能基変換は実用性があり有用. アミノ酸合成でも利用される.

●アンモニアのアルキル化反応

アンモニアをハロゲン化アルキルと処理し，アルキル基を導入する．この方法を用い α-ハロゲン化カルボン酸からアミノ酸 (10.1 節) に誘導できる．ただし，この方法は第一級アミンだけでなく，同時に第二級アミン，第三級アミン，第四級アンモニウム塩も副生する．

●ガブリエル (Gabriel) 合成

フタルイミドはカリウムと反応しフタルイミドカリウムとなる．フタルイミドアニオンはハロゲン化アルキルと S_N2 反応し *N*-アルキルフタルイミドとなる．酸触媒によりアミドを加水分解し第一級アミンだけが得られる．ガブリエル合成も代表的なアミノ酸合成法の一つである．

●ニトロ化合物の還元

脂肪族ニトロ化合物や芳香族ニトロ化合物を接触水素添加や金属と酸あるいは水素化アルミニウムリチウムを用い還元すると対応する第一級アミン化合物に変換できる．

●アミドの還元

第三級アミンを除くアミン類はカルボン酸と脱水縮合させることによりアミドに導くことができる．そこで第二級，第三級アミンを合成したい場合，適当なアミドをカップリングにより結合させた後，水素化アルミニウムリチウムにより還元し，任意のアミンに導くことができる．

●ニトリルの還元

シアン化物を求核試薬に使うと増炭できる.

ニトリルの接触水素添加または水素化アルミニウムリチウムによる還元でニトリルは対応する第一級アミン (アミノアルキル化合物) に変換される．アンモニアのアルキル化反応に比べハロゲン化物をシアン化物で処理した後還元すると一炭素増炭することができ，両者を使い分けることは合成化学的に有用である．

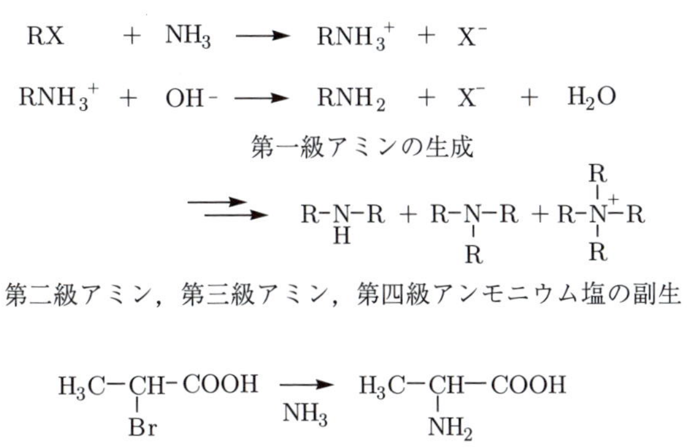

$$RX + NH_3 \longrightarrow RNH_3^+ + X^-$$

$$RNH_3^+ + OH^- \longrightarrow RNH_2 + X^- + H_2O$$

第一級アミンの生成

$$\rightleftarrows \text{R-NH-R} + \text{R-N(R)-R} + \text{R-N}^+\text{(R)}_2\text{-R}$$

第二級アミン，第三級アミン，第四級アンモニウム塩の副生

$$H_3C-CH(Br)-COOH \xrightarrow{NH_3} H_3C-CH(NH_2)-COOH$$

図8.4 アンモニアのアルキル化反応

$$\text{C}_6\text{H}_4(\text{CO})_2\text{NK} + \text{R-X} \longrightarrow \text{C}_6\text{H}_4(\text{CO})_2\text{N-R} + \text{KX}$$

$$\xrightarrow{H^+,\ H_2O} R-NH_2 + C_6H_4(COOH)_2$$

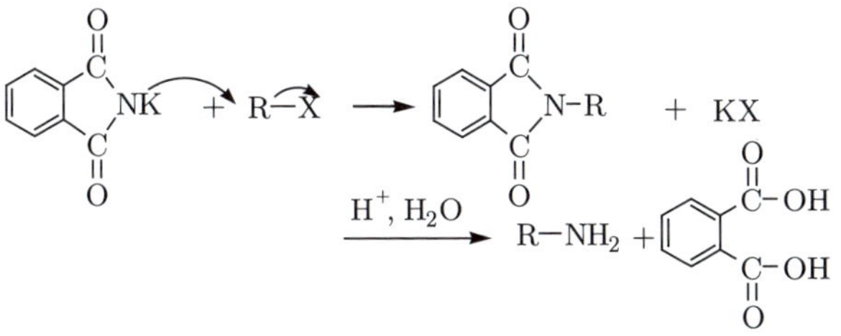

図8.5 ガブリエル合成による第一級アミンの合成

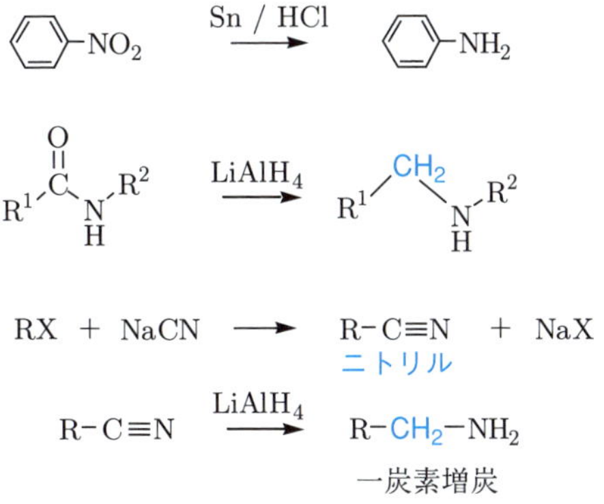

$$\text{C}_6\text{H}_5\text{-NO}_2 \xrightarrow{\text{Sn / HCl}} \text{C}_6\text{H}_5\text{-NH}_2$$

$$R^1\text{-C(=O)-NH-}R^2 \xrightarrow{LiAlH_4} R^1\text{-CH}_2\text{-NH-}R^2$$

$$RX + NaCN \longrightarrow R-C\equiv N + NaX$$

ニトリル

$$R-C\equiv N \xrightarrow{LiAlH_4} R-CH_2-NH_2$$

一炭素増炭

図8.6 含窒素化合物の還元

8.1.4 アミンの反応

アミンとカルボン酸との縮合反応はペプチド合成で必須.

●カルボン酸誘導体との反応

アミンはカルボン酸誘導体 (代表例として酸塩化物) と反応し，アミドとなる．このアミド結合はカルボン酸とアミンの脱水縮合反応として工業的 (ナイロンの合成など) に重要であり，生体を構成するタンパク質のペプチド結合として (10.2 節) もまた重要である.

電子豊富な芳香族でもザンドマイヤー反応なら求核試薬が使える.

●ザンドマイヤー (Sandmeyer) 反応

アニリンを 5 °C 以下で酸性溶液中に溶解させ亜硝酸ナトリウムで処理するとベンゼンジアゾニウム塩が得られる．この塩は多くの求核試薬と反応し，芳香族環にさまざまな置換基を導入できる．芳香族化合物は電子豊富なためニトロ化やフリーデル–クラフツ反応など求電子置換反応 (3.4 節) は多く知られている．一方，芳香族化合物の求核置換反応の例としてザンドマイヤー反応を挙げることができる．ザンドマイヤー反応では脱離基がジアゾニウム基であり，窒素分子が脱離する極めて脱離性のよい官能基であるので，求核性の少ない置換基であっても室温以下で進行する．ハロゲン化やシアン化，ヒドロキシル化などがある.

●ジアゾカップリング

芳香族ジアゾニウム塩は他の芳香族アミンやフェノール，ナフトール類の電子豊富な芳香族化合物と反応しジアゾカップリングする．工業的に用いられている色素の約半数はジアゾ結合を持つアゾ染料である.

天然物アミンとアルカロイド

植物または動物に由来する塩基性のある窒素含有化合物をアルカロイドという．アヘンの有効成分モルヒネは麻薬の代表物質として知られているが，その誘導体のコデインは鎮痛剤として使われている．お茶やコーヒー中に存在するカフェインもアミンの一種だが，これも生理活性のあるアルカロイドの一種である.

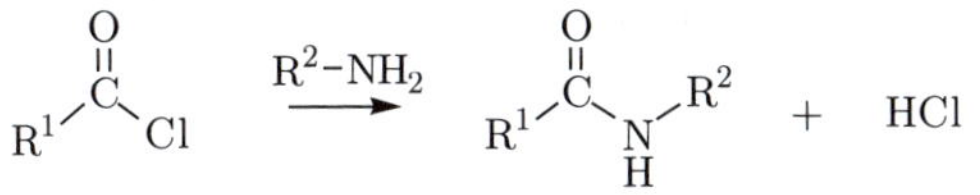

$R^1COCl \xrightarrow{R^2-NH_2} R^1CONHR^2 + HCl$

図8.7　カルボン酸誘導体とアミンの反応

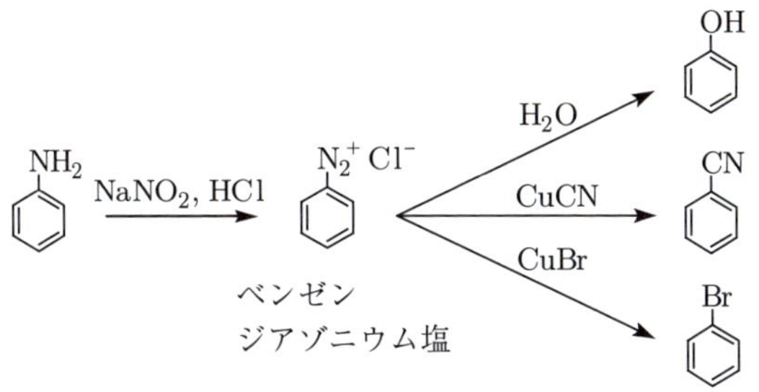

$NaNO_2$, HCl　H_2O　CuCN　CuBr　NH_2　$N_2^+ Cl^-$　OH　CN　Br

ベンゼン
ジアゾニウム塩

図8.8　ジアゾニウムイオンによるザンドマイヤー反応

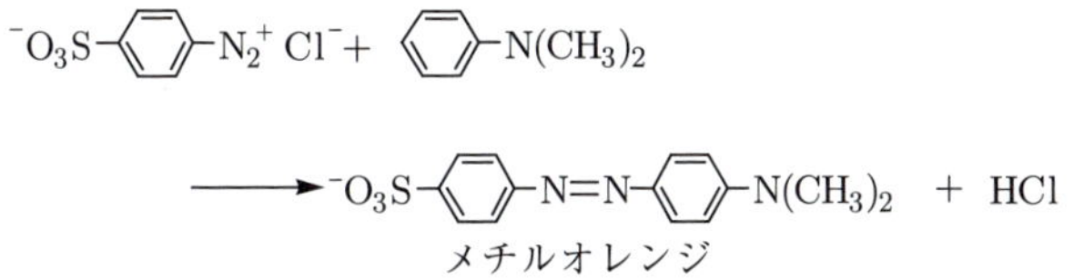

$^-O_3S-C_6H_4-N_2^+ Cl^- + C_6H_5-N(CH_3)_2$

$\longrightarrow {}^-O_3S-C_6H_4-N{=}N-C_6H_4-N(CH_3)_2 + HCl$

メチルオレンジ

図8.9　ジアゾカップリング反応

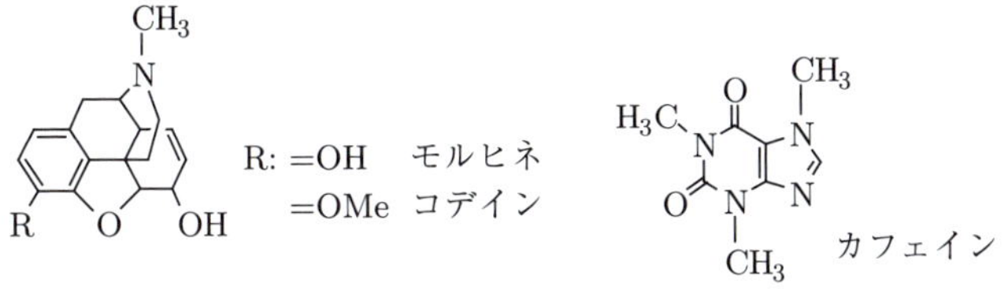

CH_3　N　R　O　OH

R: =OH　モルヒネ
　=OMe　コデイン

H_3C　CH_3　CH_3　N　O

カフェイン

図8.10　アルカロイド

演 習 問 題
第8章

1 次の化合物の名称を示せ.

$N(C_2H_5)_3$

$(nBu)_4N^+ \ Br^-$

$p\text{-}CH_3C_6H_4NH_2$

$nBu = CH_3\text{-}CH_2\text{-}CH_2\text{-}CH_2\text{—}$

2 次の反応により生成する物質を書け.

$$CH_3COCl + C_6H_5NH_2 \longrightarrow$$

$$C_6H_5NH_2 \xrightarrow{NaNO_2,\ HCl}$$

$$C_6H_5N_2^+\ Cl^- \xrightarrow{CuCN}$$

3 アンモニアに比べメチルアミンは塩基性度が高い. なぜか.

複素環式化合物

本章の内容

9.1 複素環式化合物とは

炭素以外の原子を含む環を有する化合物を複素環式化合物と呼ぶ．環を構成する原子の数により五員環，六員環などと呼ばれる．

9.1.1 五員環

五員環の芳香族複素環式化合物にはピロール，フラン，チオフェンがある．これらは芳香族性を示し，求電子置換反応をする．このヘテロ原子の非共有電子対は π 電子雲の一部となり芳香族の 6π 電子系を形成する．ピロールの窒素の孤立電子対は芳香族の電子として使われているためピロールの塩基性は極めて弱い ($\mathrm{p}K_\mathrm{b} = 13.6$).

ピロールを飽和複素環式化合物に還元するとピロリジンとなる．ピロリジンは通常の塩基としての性質を示すためピロールに比べ塩基性が強い ($\mathrm{p}K_\mathrm{b} = 2.88$).

フランの二重結合二個が還元されたものをテトラヒドロフラン (THF) と呼ぶ．THF (5.2 節) はプロトン性溶媒ではないが比較的極性が高い特徴を持ち，強力な試薬にも安定である．このため，水素化アルミニウムリチウムによる還元反応やグリニャール反応などの溶媒に用いる．

THF は有機化学実験における代表的な非プロトン性有機溶媒．

9.1.2 六員環

六員環の芳香族複素環式化合物で最も重要なのはピリジンである．ピリジンはベンゼン同様芳香族ではあるが，窒素の電子配置で五員環のピロールと大きく異なる．ベンゼンは各炭素が sp^2 混成軌道を形成しベンゼン環の上下方向に非局在化した π 電子雲を持っている．ベンゼンのそれぞれの炭素は二つの炭素と一つの水素と σ 結合を計 3 本持っている．ピリジンの窒素は隣の炭素と 2 本の σ 結合を持ち，ベンゼンと同様に非極在化した π 電子雲を持っている．孤立電子対はピリジン骨格の σ 結合および π 結合に関与せず 6 員環の外側に向いており，この電子対が塩基性を示す．

ピリジンは塩基として重要．触媒として，また溶媒として多く用いられる．

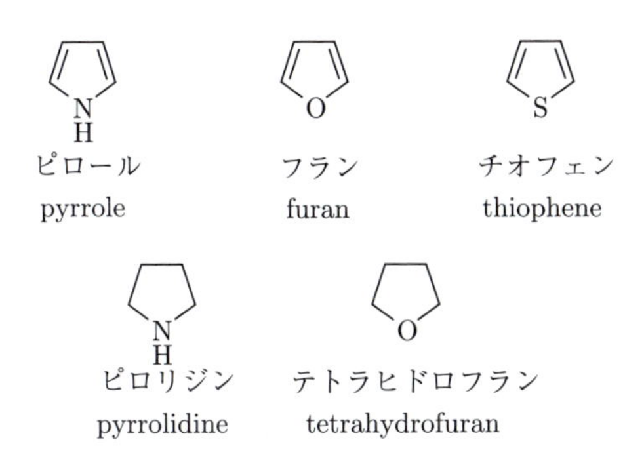

図9.1　代表的な五員環芳香族複素環と五員環脂肪族複素環

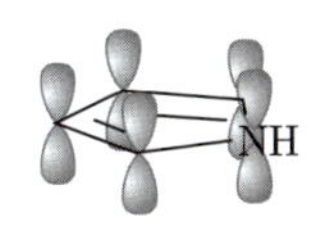

ピロールの窒素の不対電子は
π 電子雲に使われる

ピロールは
塩基性がほとんどない

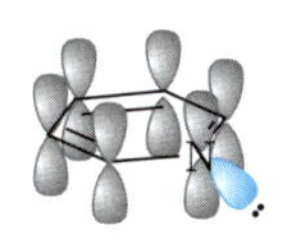

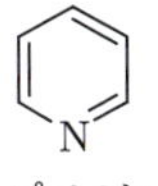

ピリジン
pyridine

孤立電子対は環外に出ている
塩基性である

図9.2　ピロールとピリジンの孤立電子対の違い

$sp^3 < sp^2 < sp$ の順番で s 性が大きくなる. s 性が大きくなると酸性度が上がる. アセチレンは酸性度が高い.

ピリジンは脂肪族アミンより塩基性が弱いが，ピロールより塩基性が強い ($pK_b = 8.63$). 脂肪族アミンの窒素の不対電子は sp^3 混成軌道をとっている. ピリジンの孤立電子対は sp^2 混成軌道のため s 性が高く，電子がより核に強く引き寄せられているために他のプロトンを奪う力 (塩基性) が弱いと考えられる.

9.1.3　縮合環系複素環

ナフタレンの炭素を一つ窒素に置換した縮合環系複素環にキノリンとイソキノリンがある. キノリンにはベンゼン環とピリジン環があり，キノリンの性質はピリジンとベンゼンについて述べた両者の性質を合わせ持つ.

インドールはアミノ酸に，プリンとピリミジンは遺伝子の中心となる DNA の中にある.

ベンゼンとピロールの環を持つ縮合環をインドールと呼ぶ. インドールは必須アミノ酸のトリプトファン (10.1 節) の側鎖であり生態系において極めて重要である.

プリンは窒素を四つ持つ縮合環系複素環であり，ピリミジンとならび核酸 (13.1 節) の塩基として遺伝子の中核をなしている.

9.1.4　大環状複素環

●ポルフィリン

ピロール環を四つ含んだ大環状化合物の一つにポルフィリンがある. ポルフィリンは全部で 22π の電子を持ち，その中心には楕円系の 18π 系の共役二重結合があるため，計 $(4n+2)\pi$ の電子を持ち芳香族の性質を示す. ポルフィリンは紫外および可視部にモル吸光係数 (15.1 節) の極めて高いピークを持ち，有機溶媒中で単独 (フリーベース体) では赤色を呈する.

ポルフィリン骨格を持つものは強く着色している. 血や葉緑体もポルフィリン誘導体の色である.

このポルフィリンの骨格を持ち，周囲に置換基が付いた化合物がポルフィリン誘導体である. 特に中心に金属イオンを取り込むことにより特別な物性があらわれる. 中心に鉄を取り込み酸素運搬能の高い物質として赤血球の主要なタンパク質であるヘモグロビン (10.2 節) 中のヘムが知られている. また中心にマグネシウムを持つもの

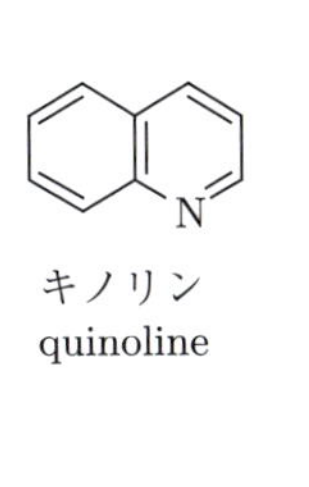

キノリン
quinoline

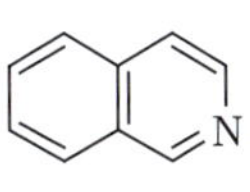

イソキノリン
isoquinoline

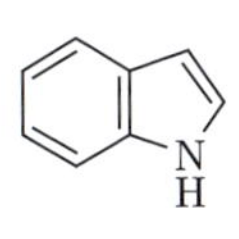

インドール
indole

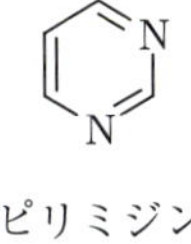

ピリミジン
pyrimidine

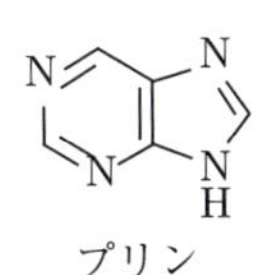

プリン
purine

図9.3　縮合複素環と生体関連複素環

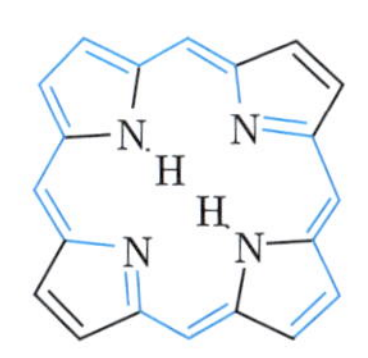

ポルフィリン
Porphyrine

全体では22πの電子だが
中心部に18π系の大環状
の芳香族電子雲がある

図9.4　ポルフィリンの構造

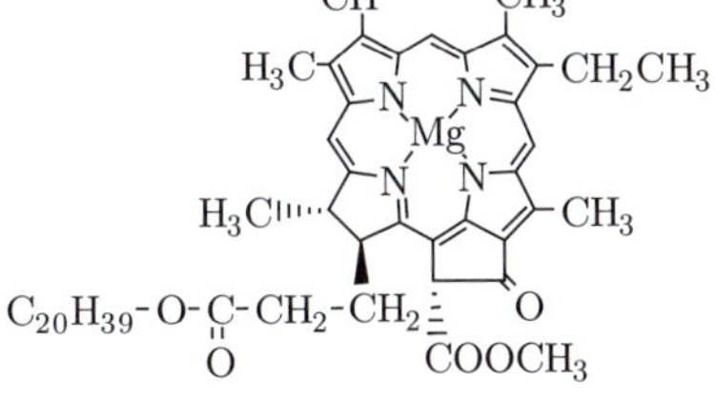

H_2C=CH　CH_3　H_3C　CH_2CH_3　Mg　H_3C　CH_3　$C_{20}H_{39}$-O-C-CH_2-CH_2　O　O　$COOCH_3$

クロロフィルa
Chlorophyll a

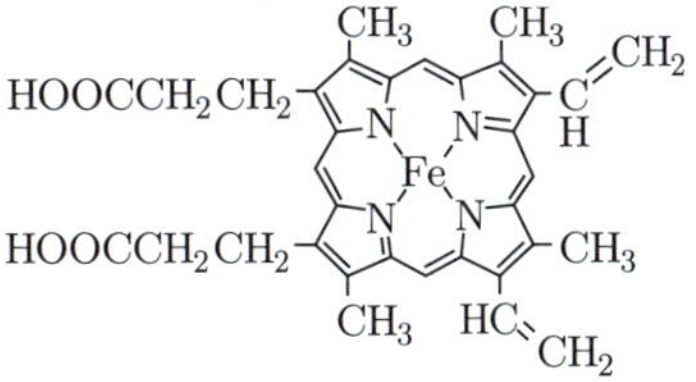

CH_3　CH_3　$HOOCCH_2CH_2$　C=CH_2　H　Fe　$HOOCCH_2CH_2$　CH_3　CH_3　HC=CH_2

ヘム
Heme

図9.5　ポルフィリン骨格を持つ生体分子

としてクロロフィル (葉緑素) が知られている．クロロフィルには主としてaと呼ばれるものとbと呼ばれているものがある．いずれも植物の光合成に必須の緑色の色素である．

●クラウンエーテル

クラウンエーテルは陽イオンを取り込んで陰イオンを有機相に運搬する相間移動触媒になる．

クラウンエーテルは複数個の酸素を有する大環状物質である．18-クラウン-6 (18-Crown-6) はその中心に 2.6 – 3.2 Å の極性の空孔を有しており，K^+ イオンのイオン半径とよく一致する．そのため，K^+ イオンを選択的に取り込みイオン輸送錯体として相間移動触媒の働きをする．

●シクロデキストリン

シクロデキストリンはグルコースが複数個 (α なら六つ，β なら七つ，γ なら八つ) 結合したバケツ状分子である (11.3節)．中心に疎水性の空孔が空いており，α, β, γ の順にその空孔が大きくなっている．空孔内に有機分子を抱接するため水に難溶性の薬剤の可溶化や分解しやすい不安定物質の保護などに用いられる．

9.2 機能性分子

超分子はいろいろなアイデアで分子に機能性を持たせることができる．今後が期待される研究分野である．

近年，分子自身に特殊な機能を持たせた化合物の研究がされている．第14章の有機材料の研究もその中心であるが，現在，超分子の研究が盛んである．これまで構造自身に特徴があるロタキサンや知恵の輪状のカテナンなどが研究されてきたが，その後，入力信号を出力に変える研究として分子シャトルなどが考案された．また「超分子」の概念はレーン (Lehn) により提唱された．二つ以上の分子が分子間力などによって集合体を形成するとその集合体には特異な機能を発現する．光応答するポルフィリンや特殊な空孔を持つクラウンエーテル，シクロデキストリンなどはこの分子集合体のパーツとして期待されている分子団である．

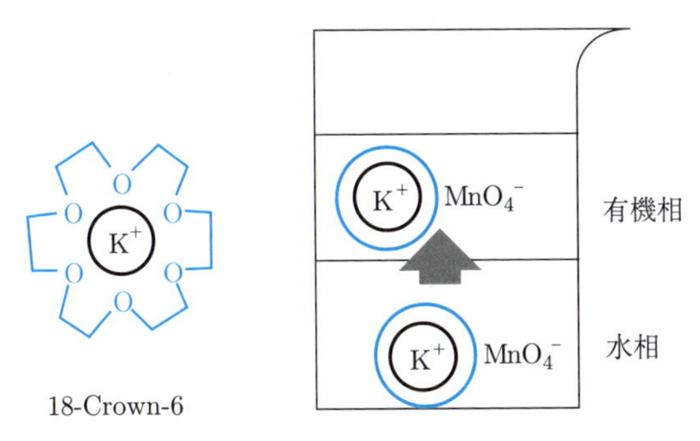

図9.6　クラウンエーテルとイオン輸送

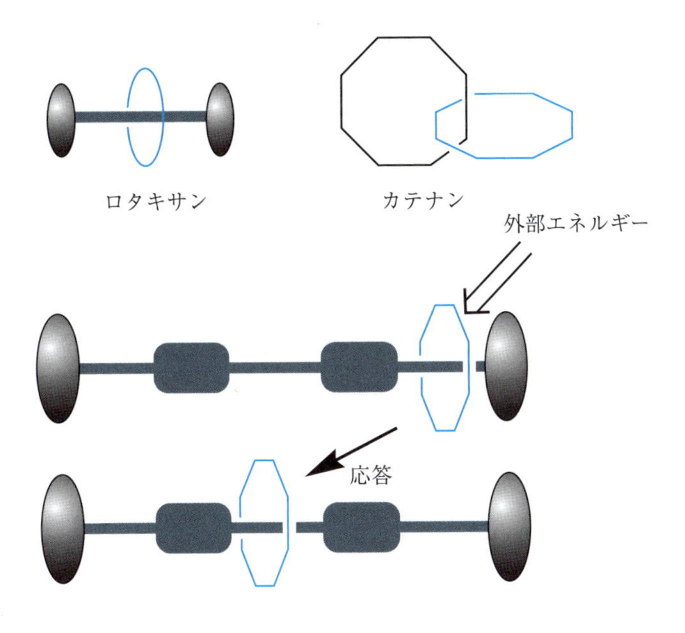

図9.7　分子シャトルの概念図

演 習 問 題
第9章

1　次の化合物の名称を示せ.

2　一般的なアミンに比べピリジンは塩基性が低く，ピロールはさらに低い．なぜか．π 電子と不対電子の構造から考えよ．

3　第四級アンモニウム塩やクラウンエーテル類は相関移動触媒としての性質を示す．相関移動触媒とは何か．なぜ触媒として作用するのか．

第10章

アミノ酸とタンパク質

本章の内容

10.1 アミノ酸

10.1.1 アミノ酸とは

グリシンを除くアミノ酸はすべて不斉であり，天然のものはL型のアミノ酸である．

アミノ酸とは分子内にアミノ基(第8章)とカルボキシ基(7.1節)を有する物質である．カルボキシ基の隣の炭素(α-炭素)にアミノ基が結合していることが多く，多くのアミノ酸はこのα-アミノ酸である．

10.1.2 アミノ酸の立体配置

光学活性だと偏光をを当てると偏光面が傾く．これを旋光と呼びその角度を旋光度と呼ぶ．

α-アミノ酸のα-炭素には多くの場合水素とアルキル基が結合している．すなわち，四つの異なる置換基が結合しているため(第2章)光学活性となる．タンパク質中に存在する天然のアミノ酸はすべてL型である．生体はL-アミノ酸でできたタンパク質で構成されているため光学異性体のD-アミノ酸は代謝できない．

10.1.3 アミノ酸の分類

タンパク質を構成するアミノ酸は20種類，そのうち人類の必須アミノ酸は10種類である．

アミノ酸は我々の体を構成するタンパク質の最小単位である．タンパク質を形成するアミノ酸は全部で20種類しかない(プロリンのみ図10.2の構造をとっているが，他のアミノ酸は図10.1の構造をとっている)．これ以外にも非タンパク性アミノ酸としてD-アミノ酸やβ-アミノ酸も存在する．また自分で合成することのできないアミノ酸を必須アミノ酸と呼ぶ．

- 疎水性の置換基を持つアミノ酸として脂肪族アミノ酸(アラニン，バリン，ロイシン，イソロイシン，プロリン，メチオニン)，および芳香族アミノ酸として(フェニルアラニン，トリプトファン)がある．これらの構造を示す場合，一般にフィッシャー投影式(第2章)を用いる．
- 極性だが電荷のないアミノ酸として水酸基を持つアミノ酸(セリン，トレオニン，チロシン)，SH基を持つもの(システイン)，アミドを持つもの(アスパラギン，グルタミン)がある．特に極性の官能基を持たないが，比較的極性が高いのでグリシンもここに分類する．

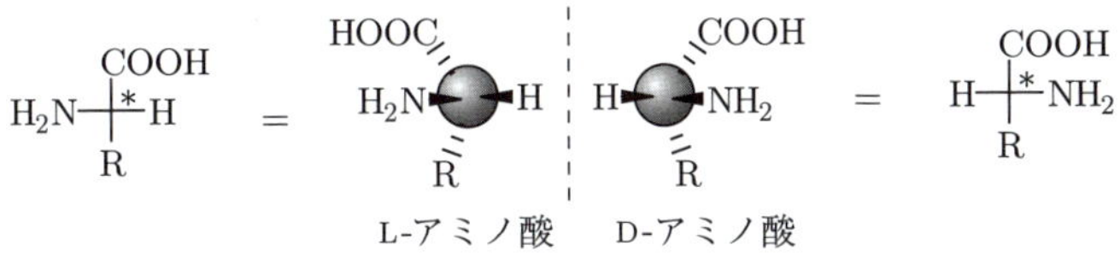

L-アミノ酸　D-アミノ酸

図10.1　フィッシャー投影法とアミノ酸のDL

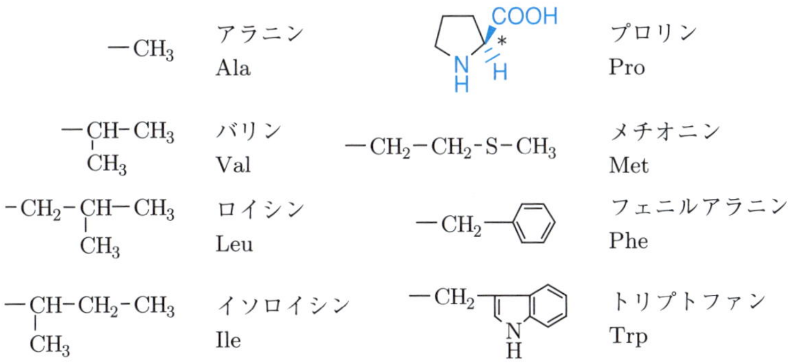

$-CH_3$ アラニン Ala

プロリン Pro

$-CH(CH_3)-CH_3$ バリン Val

$-CH_2-CH_2-S-CH_3$ メチオニン Met

$-CH_2-CH(CH_3)-CH_3$ ロイシン Leu

$-CH_2-C_6H_5$ フェニルアラニン Phe

$-CH(CH_3)-CH_2-CH_3$ イソロイシン Ile

トリプトファン Trp

図10.2　Rに疎水性置換基を持つアミノ酸

$-H$ グリシン Gly

$-CH_2-SH$ システイン Cys

$-CH_2-OH$ セリン Ser

$-CH_2-C(=O)-NH_2$ アスパラギン Asn

$-CH(CH_3)-OH$ トレオニン Thr

$-CH_2-CH_2-C(=O)-NH_2$ グルタミン Gln

$-CH_2-C_6H_4-OH$ チロシン Tyr

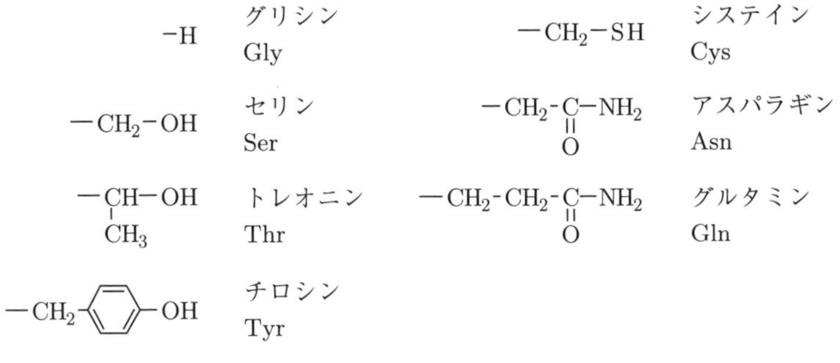

図10.3　Rに極性置換基を持つアミノ酸

ヒスチジンはアミノ基ではないが塩基性のイミダゾリル基を有する.

- 正電荷を持つ置換基を有するアミノ酸として第二のアミノ基を持つアミノ酸 (リシン，ヒスチジン，アルギニン) がある．これらを塩基性アミノ酸という．
- 負電荷を持つ置換基を有するアミノ酸(アスパラギン酸，グルタミン酸) がある．これらを酸性アミノ酸という．

10.1.4 アミノ酸の性質

アミノ酸はカルボキシル基とアミノ基を有するため，両性イオンと呼ばれる．そのため，分子内で互いに中和した構造をとっており，極性が高く，多くの場合有機溶媒には溶けにくい．

また強酸および強アルカリと反応し，それぞれの官能基が水素イオンを授受する．そのため，アミノ酸溶液に電場を印加するとアミノ酸の種類に応じてどちらかの電極に移動する．電場をかけてもアミノ酸が移動しない pH をこのアミノ酸の等電点と呼ぶ．

電場を印加しても陰極にも陽極にもどちらにも移動しない電気的につり合った pH を等電点と呼ぶ.

10.1.5 アミノ酸の合成

アミノ酸の合成法はこれまで学んできた各種の反応を組みあわせることで容易にできる．

最も代表的なアミノ酸の合成法として，α-ハロカルボン酸のアミノ化反応 (8.1 節) がある．カルボン酸の α 位にリンを用いてハロゲン (7.1 節) を導入し，そののち大過剰のアンモニア水でハロゲンをアミノ基で置換する．

カルボン酸の α 位にハロゲンを導入し (α-ハロカルボン酸)，これをアミノ基に置き換えるとアミノ酸ができる.

さらに複雑なアミノ酸の合成のためには活性メチレンを利用したマロン酸エステル合成法 (7.2 節) がある．すなわち，マロン酸ジエチルエステルの活性炭素の水素を塩基で引き抜き，ここに合成したいアミノ酸の側鎖を導入する．導入後，アルカリでケン化し，さらにハロゲンを導入した後，α-ケト酸の脱炭酸でカルボキシル基を一つにする．最後にアミノ基を導入することによりかなり複雑なアミノ酸でも合成できる．このほかストレッカー (Strecker) 合成法やガブリエル フタルイミド合成法などが知られている．

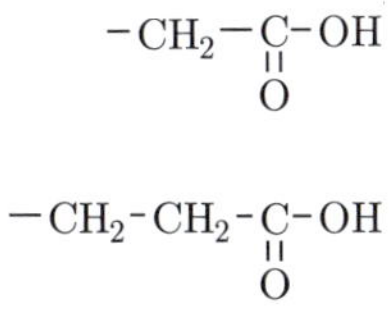

$$-CH_2-\underset{\underset{O}{\|}}{C}-OH$$
アスパラギン酸
Asp

$$-CH_2-CH_2-\underset{\underset{O}{\|}}{C}-OH$$
グルタミン酸
Glu

図10.4　Rに負電荷の置換基を持つアミノ酸

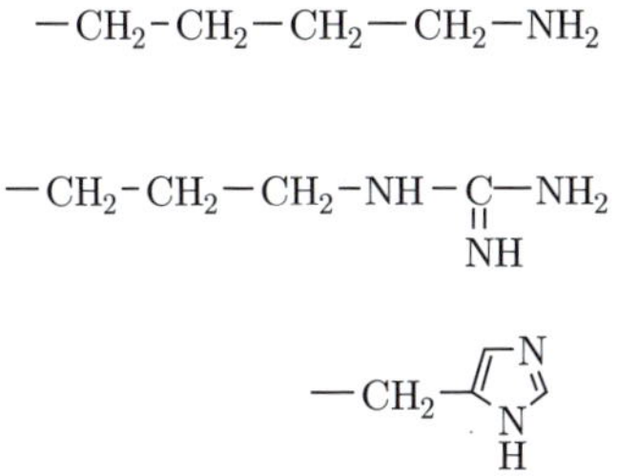

$$-CH_2-CH_2-CH_2-CH_2-NH_2$$
リシン
Lys

$$-CH_2-CH_2-CH_2-NH-\underset{\underset{NH}{\|}}{C}-NH_2$$
アルギニン
Arg

$-CH_2-$(イミダゾール環: N, NH)
ヒスチジン
His

図10.5　Rに正電荷の置換基を持つアミノ酸

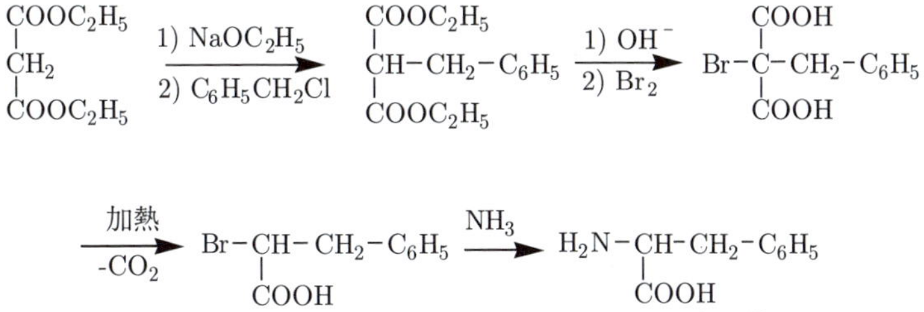

$$CH_2(COOC_2H_5)_2 \xrightarrow[2)\ C_6H_5CH_2Cl]{1)\ NaOC_2H_5} CH(COOC_2H_5)_2-CH_2-C_6H_5 \xrightarrow[2)\ Br_2]{1)\ OH^-} Br-C(COOH)_2-CH_2-C_6H_5$$

$$\xrightarrow[-CO_2]{\text{加熱}} Br-\underset{\underset{COOH}{|}}{CH}-CH_2-C_6H_5 \xrightarrow{NH_3} H_2N-\underset{\underset{COOH}{|}}{CH}-CH_2-C_6H_5$$
フェニルアラニン

図10.6　マロン酸ジエチルエステル法を用いたアミノ酸の合成

10.1.6 アミノ酸の反応

保護基を導入せず，縮合剤を入れてもただでたらめに重合するだけである．

ペプチドやタンパク質を合成するためアミノ酸に直接DCCなどの縮合剤(7.1節)を入れても，乱雑に縮合反応が起こり，意図しない高分子の重合物ができるだけである．そこで合成を制御するため保護・脱保護という概念が必要になってくる．

10.1.7 N末端の保護・脱保護

代表的なN末端の保護基はZ基とBOC基．C末端の保護基はベンジル基と*t*-ブチル基．

一般にアミノ酸を表記する場合，アミノ基を左にカルボキシ基を右に書き，それぞれをN末端，C末端と呼ぶ．N末端の代表的な保護基の例としてZ基がある．ベンジルオキシカルボニルクロリド(Z-Cl)とアミノ酸をアルカリ水溶液中で混合するとN末端がZ化され，ウレタン型の保護基が導入されたベンジルオキシカルボニルアミノ酸ができる．Z誘導体はパラジウムや白金を用いた接触水素付加(3.1節)で脱保護できる．N末端に保護基がついている間はそのアミノ酸のN端でペプチド結合ができる心配はない．他の代表的なN末端の保護基としてBoc基(*t*-ブチルオキシカルボニル基)がある．Boc基は酸で加水分解され容易に脱保護できる．

10.1.8 C末端の保護・脱保護

保護と縮合反応，脱保護を繰り返し，ペプチド鎖を伸長していく．

C末端の保護基の例としてベンジルエステルがある．アミノ酸とベンジルアルコールを脱水縮合することによりベンジルエステルができる．ベンジルエステルは接触水素添加によりトルエンと元のアミノ酸となり脱保護できる．他の代表的なC末端の保護基として*t*-ブチルエステルがある．*t*-ブチルエステルは酸で加水分解される．

10.1.9 ペプチドの合成

N末端が保護されたアミノ酸とC末端が保護されたアミノ酸を反応させるとアミノ酸が二つ結合したジペプチドができる．これを脱保護することにより，乱雑に重合することなく，合成したいペプチドを合成することができる．

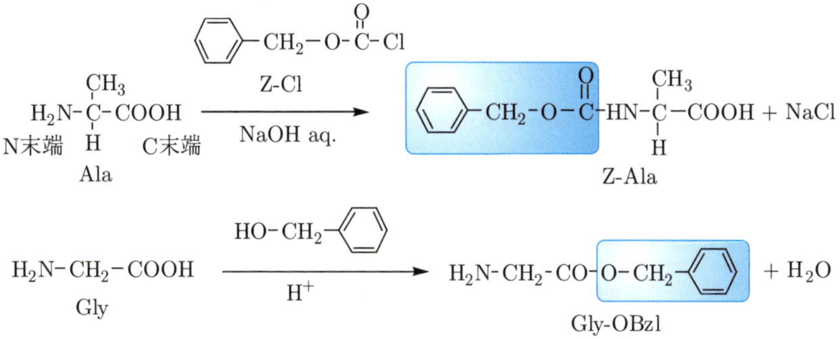

$C_6H_5-CH_2-O-C(=O)-Cl$
Z-Cl

$H_2N-CH(CH_3)-COOH \xrightarrow[\text{NaOH aq.}]{\text{Z-Cl}} C_6H_5-CH_2-O-C(=O)-HN-CH(CH_3)-COOH + NaCl$

N末端　C末端
Ala　Z-Ala

$H_2N-CH_2-COOH \xrightarrow[H^+]{HO-CH_2-C_6H_5} H_2N-CH_2-CO-O-CH_2-C_6H_5 + H_2O$

Gly　Gly-OBzl

図10.7　アミノ酸への保護基の導入

$C_6H_5-CH_2-O-C(=O)-HN-CH(CH_3)-COOH + H_2N-CH_2-CO-O-CH_2-C_6H_5$

Z-Ala　Gly-OBzl

$\xrightarrow{C_6H_{11}-N=C=N-C_6H_{11}\ (\text{DCC})} C_6H_5-CH_2-O-C(=O)-HN-CH(CH_3)-CO-NH-CH_2-C(=O)-O-CH_2-C_6H_5$

Z-Ala-Gly-OBzl

$\xrightarrow[\text{脱保護}]{H_2,\ Pd\ /\ C} C_6H_5-CH_3 + CO_2 + H_2N-CH(CH_3)-CO-NH-CH_2-C(=O)-OH + H_3C-C_6H_5$

Ala-Gly

（参照）

$H_2N-CH(CH_3)-COOH + H_2N-CH_2-COOH \xrightarrow{DCC}$ Ala-Ala-Gly, Gly-Gly, Ala-Ala など

Ala　Gly

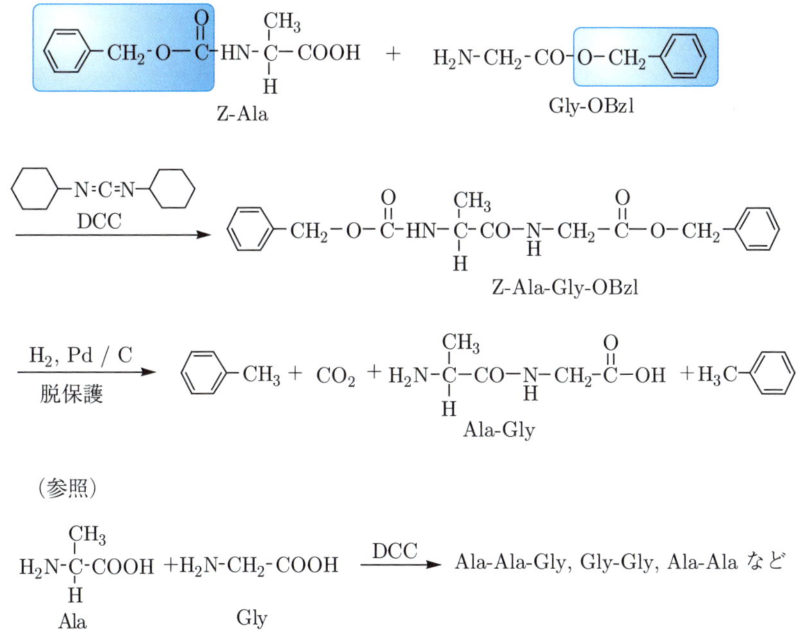

図10.8　ペプチドの合成と脱保護

10.2 タンパク質

10.2.1 タンパク質とは

アミノ酸のカルボキシ基と他のアミノ酸との間で脱水縮合した形でアミド基 (**7.2** 節) を形成しているものをアミド結合 (またはペプチド結合) と言う.

アミノ酸が二つ以上アミド (ペプチド) 結合で連結した化合物をペプチドという. アミノ酸の数によりジペプチド, トリペプチドと呼び, おおむね 10 個までをオリゴペプチド, 10 個以上をポリペプチドと呼ぶ. さらに巨大化し, 分子量がおおむね 1 万を超えると便宜上タンパク質と呼ばれることが多い. 本来タンパク質は生体中で作られるため, 分化した細胞の部位にふさわしいタンパク質がその細胞の DNA (13.1 節) の暗号に従い合成される.

10.2.2 タンパク質の高次構造

タンパク質は DNA の三塩基組に従い合成される. このアミノ酸の配列そのものを一次構造と呼ぶ.

アミノ酸の R 基を側鎖と呼ぶが, この側鎖にかかわらず, ペプチドは一般にらせん状の立体配座をとることが多い. これはペプチドの NH 基とカルボニル基が水素結合するためである. この右巻きのらせんを α ヘリックスと呼び, らせん 1 回転あたり 3.6 個分のアミノ酸残基がある (ペプチドではアミノ酸の 1 単位を残基で表す). 直線上の 2 本のペプチド鎖が平行または逆平行に水素結合しながらひだ上に並んだものを β 構造と呼ぶ. これらの構造を合わせてペプチドの二次構造と呼ぶ.

ポリペプチドは α ヘリックスや β 構造により繊維状になっているがペプチドの側鎖により複雑に折りたたまれて全体として球に近い立体構造をとることがある. 側鎖間で共有結合や疎水結合, 水素結合, イオン結合することによりポリペプチド全体の形が決定する (三次構造).

これらにより形作られた数個のポリペプチドがさらに会合してタンパク質として機能する場合がある. このポリペプチドそれぞれをサブユニットと呼び, サブユニットどうしが会合する構造を四次構造と呼ぶ.

水素結合

約5.4 Å　右巻きのらせん

逆平行の
β構造

図10.9　タンパク質の二次構造（αヘリックスと β 構造）

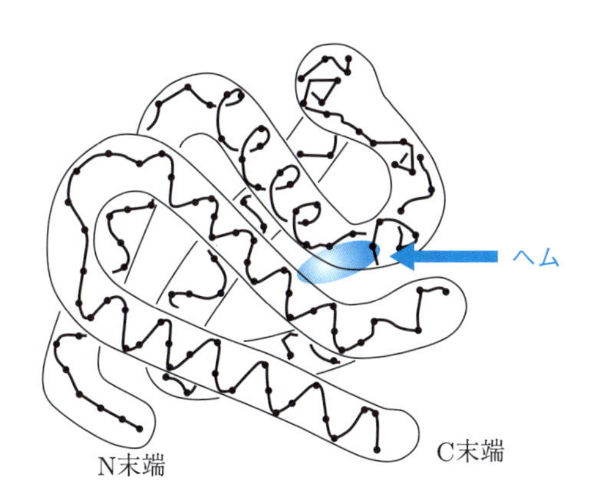

図10.10　タンパク質の三次構造（ヘモグロビンの β 鎖の概略図）
アミノ酸 146 個が結合したタンパク質でき，全体が α ヘリックス構造を取っており，活性中心にヘムと呼ばれる鉄を含んだ有機物質が存在する．
（藤原晴彦著，「新版 よくわかる生化学」，サイエンス社，2011 年より改変）

10.2.3 ペプチドの構造決定

近年 MS(15.2 節) の技術が向上したため，MS と用いたペプチドの分析も用いられる．

ペプチドの構造解析において最も重要なのは一次構造配列の解析である．最も一般的に行われている方法の1つはN末端から連続的にペプチドを加水分解するエドマン (Edman) 分解である．ペプチドにエドマン試薬(フェニルイソチオシアネート) を加えるとフェニルチオカルバモイル誘導体となる．ここに酸を加えるとフェニルチオヒダントイン誘導体が遊離し，ペプチドは一残基減少したペプチドとなる．フェニルチオヒダントイン誘導体を分析することによりペプチドのN末端のアミノ酸残基が何であったのかを同定することができる．これはすでに自動化されており，アミノ酸自動分析装置にペプチドを導入すると短時間で自動分析できる．

ペプチドの分析や合成も自動化されている．

10.2.4 ペプチドの合成

アミノ基とカルボキシ基からアミド結合を形成するにはカルボン酸を活性な酸塩化物 (7.2 節) や酸無水物にする方法があるが，N末端およびC末端を保護したアミノ酸を用い縮合試薬で直接カップリングさせることが多い．代表的な縮合試薬としてジシクロヘキシルカルボジイミド (DCC) がある．縮合後，どちらかの保護基を脱保護し，さらに DCC でカップリングすることによりペプチド鎖を延長することができる．

近年ではペプチド合成は固相合成法が主流になっている．不溶性のポリスチレン樹脂誘導体 (14.4 節) に Boc 基で保護したアミノ酸を結合させ，酸で Boc 基を脱保護し，逐次 Boc アミノ酸を DCC でカップリングさせ，最終的にポリマーとペプチドを強酸で切断し，溶液中のペプチドを抽出する．液相法に比べ一度単離して処理することなく連続的に合成でき，すでに機械化されているためペプチド合成に幅広く使われている．

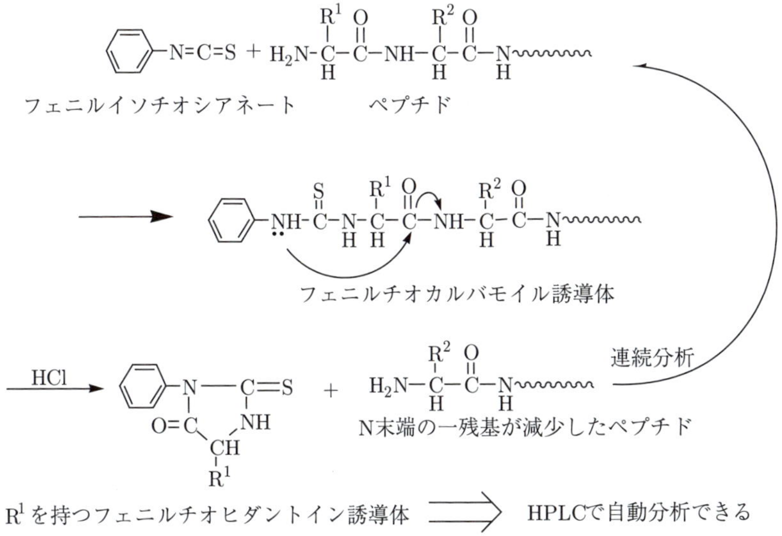

C_6H_5-N=C=S + H_2N-CH(R^1)-C(=O)-NH-CH(R^2)-C(=O)-NH〜〜〜

フェニルイソチオシアネート　　　ペプチド

→ C_6H_5-NH-C(=S)-NH-CH(R^1)-C(=O)-NH-CH(R^2)-C(=O)-NH〜〜〜

フェニルチオカルバモイル誘導体

HCl → C_6H_5-N(C(=S)-NH-CH(R^1)-C(=O)) + H_2N-CH(R^2)-C(=O)-NH〜〜〜

N末端の一残基が減少したペプチド

連続分析

R^1を持つフェニルチオヒダントイン誘導体 ⟹ HPLCで自動分析できる

図10.11　エドマン試薬を用いたアミノ酸自動分析装置の概念図

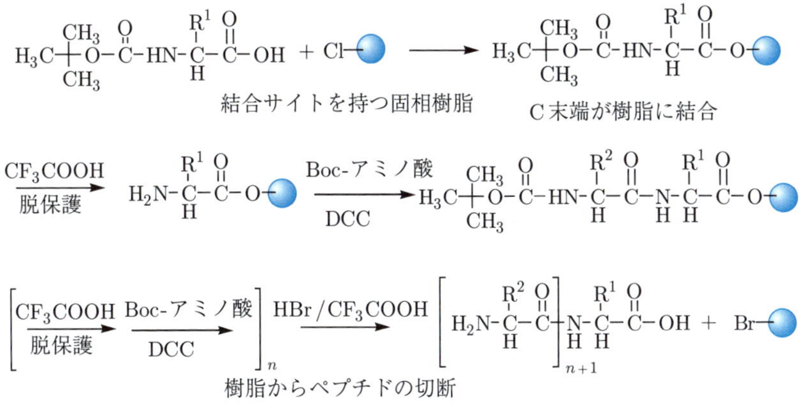

$(CH_3)_3C$-O-C(=O)-HN-CH(R^1)-C(=O)-OH + Cl-● → $(CH_3)_3C$-O-C(=O)-HN-CH(R^1)-C(=O)-O-●

結合サイトを持つ固相樹脂　　C 末端が樹脂に結合

CF_3COOH 脱保護 → H_2N-CH(R^1)-C(=O)-O-● —Boc-アミノ酸 / DCC→ $(CH_3)_3C$-O-C(=O)-HN-CH(R^2)-C(=O)-NH-CH(R^1)-C(=O)-O-●

[CF_3COOH 脱保護 → Boc-アミノ酸 / DCC →]$_n$ —HBr / CF_3COOH→ H_2N-CH(R^2)-C(=O)-[NH-CH(R^1)-C(=O)]$_{n+1}$-OH + Br-●

樹脂からペプチドの切断

図10.12　固相合成法を用いたペプチドの合成

10.2.5　アミノ酸とタンパク質の反応

●ニンヒドリン反応

アミノ酸をニンヒドリンと加熱すると，青紫色の色素を生ずる．非常に鋭敏な試薬のため汗中のアミノ酸とも反応し，指紋検出にも使われる．

●ビウレット反応

タンパク質およびペプチドのアルカリ性溶液に硫酸銅水溶液を加えると青紫色の呈色（ていしょく）を示す．これはペプチド結合の窒素が銅に配位することによる呈色でタンパク質特有の反応としてタンパク質の定量などに使われる．

●複合タンパク質●●●●●●●●●●●●●●●●●●

ペプチドは生理活性を持つものが多い．アンギオテンシンIは生理活性がほとんどないが，アンギオテンシンIIは血圧上昇作用を持つ．血圧上昇が必要な場合，血液中に存在するデカペプチドであるアンギオテンシンIを酵素で切断することにより，オクタペプチドであるアンギオテンシンIIを遊離させ血圧を上昇させる．繊維状タンパク質のミオシンは筋肉中に，ケラチンは毛髪中に多く存在し我々の体を構成している．水溶性の球状タンパク質には酵素や抗体，ホルモンなど生命活動において非常に重要な働きをしている．ヘム (9.1節) などの色素は補欠分子族と呼ばれタンパク質と強固に結合し複合タンパク質を形成する．ヘムタンパク質には血色素と呼ばれるヘモグロビンがあり，肺で酸素と結合し毛細血管を通過し，細胞のミトコンドリアまで酸素運搬を担っている．これらの役割の詳細は生化学の分野で学んでほしいが，ここではタンパク質とペプチドは我々の生体の生命活動の中心を担っていることを理解してほしい．

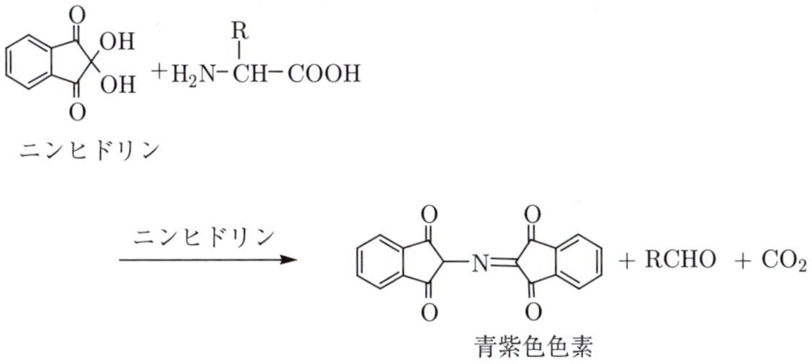

OH
O
O
OH
R
$+H_2N-CH-COOH$

ニンヒドリン

ニンヒドリン →
O O
N
O O
$+ RCHO + CO_2$

青紫色色素

図10.13　ニンヒドリン反応

○生理活性ペプチド

アンギオテンシンI

Asp-Arg-Val-Tyr-Ile-His-Pro-Phe-His-Leu（生理活性はほとんどなし）

↓ 酵素　　脱離（His-Leu）

アンギオテンシンII

Asp-Arg-Val-Tyr-Ile-His-Pro-Phe ⟹ 血管収縮，血圧上昇作用

○繊維状タンパク質　絹フィブロイン

-Gly-Ser-Gly-Ala-Gly-Ala-Gly-Ser-Gly-Ala-Gly-Ala-Gly-Ser-Gly-Ala-Gly-Ala-

逆平行に並んだβ構造を取るため水に難溶

○複合タンパク質ヘモグロビンによる酸素の運搬

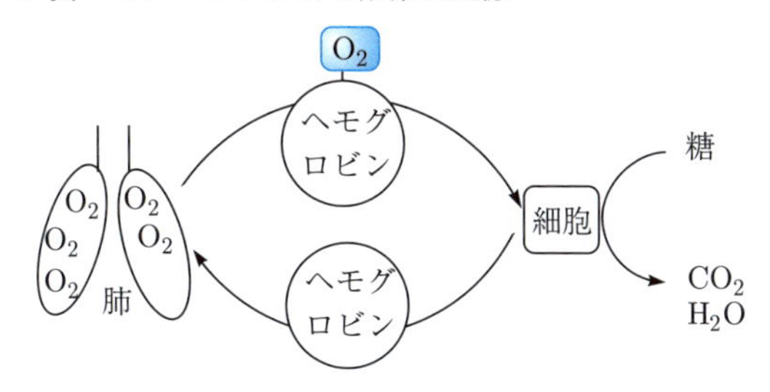

図10.14　さまざまなペプチド・タンパク質

演 習 問 題
第10章

1　次の化合物の名称を示せ.

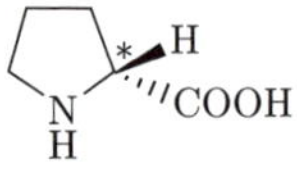

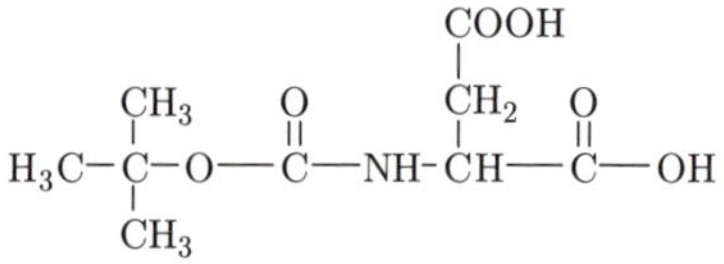

2　次の反応により生成する物質を書け.

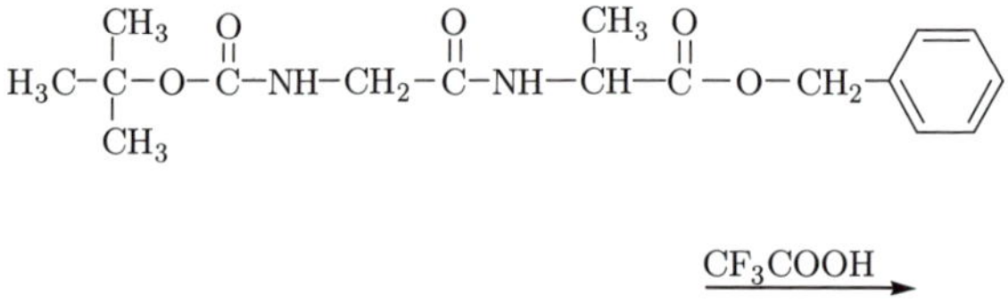

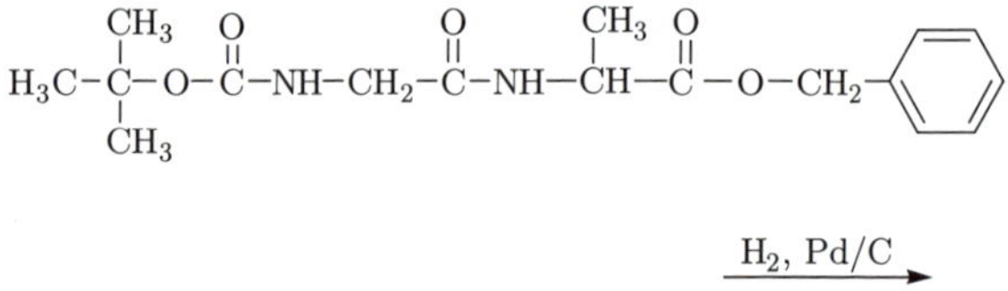

3　マロン酸ジエチルエステル法を用いたアミノ酸の合成法を書け.

第11章

糖　質

本章の内容

11.1 単糖類

11.1.1 単糖類とは

糖の基本骨格はポリヒドロキシアルデヒドまたはポリヒドロキシケトン.

糖には大きく分けて，単糖類，二糖類，多糖類がある．単糖類とはそれ以上簡単な化合物に加水分解できない糖の最小の単位である．二糖類は加水分解により単糖類二つになるもの，多糖類は多くの単糖により構成されている高分子である．単糖類の基本骨格はポリヒドロキシアルデヒドまたはポリヒドロキシケトンである．

11.1.2 三炭糖の構造

単糖類の中で最も単純な糖はグリセルアルデヒドである．グリセルアルデヒドには炭素が三つあるため三炭糖 (トリオース) と呼ばれる．グリセルアルデヒドにはアルデヒドがありアルドースと呼ばれる．アルデヒドは IUPAC での順位規則が高位のため，一般にアルデヒドを持つ末端の炭素を 1 と置き，順次炭素に番号を付ける．グリセルアルデヒドでは 2 番目の炭素が不斉であり，グリセルアルデヒドを始め天然の糖は D 体である (第 10 章のアミノ酸の場合と逆となる).

11.1.3 単糖類の構造

アノマーとなる 1 位の炭素を除き，糖の不斉の配置のうち一つだけ異なる糖をエピマーと呼ぶ.

炭素数が 4, 5, 6 の糖を四炭糖 (テトロース)，五炭糖 (ペントース)，六炭糖 (ヘキソース) と呼ぶ．ペントースの中で重要なものとして，核酸中に存在するリボースが，ヘキソースの中で重要なものとしてグルコースとフルクトースがある．糖は一般的にフィッシャー投影式で表す．不斉炭素のうち最も下の炭素に付く水酸基が右側に位置するものが D 体である．アルドースの場合 1 番目の炭素がアルデヒドに，ケトースの場合 2 番目の炭素がケトンになっている (フルクトース)．また，グルコースとマンノースは 2 番目の炭素に結合した水素と水酸基の立体配置のみが異なる．この両者の関係をエピマーと呼ぶ.

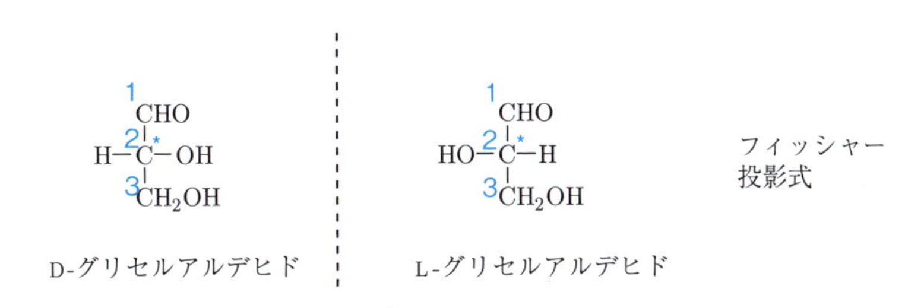

図11.1　D-およびL-グリセルアルデヒドの不斉中心

D-リボース
核酸中に存在

D-グルコース
代表的な
ヘキソース

D-フルクトース
2位がケトンに
なっているケトース

D-マンノース
グルコースの
2位の不斉が逆

図11.2　代表的な単糖（直鎖状）
（一番下の不斉炭素に結合する
水酸基はD体ではすべて右）

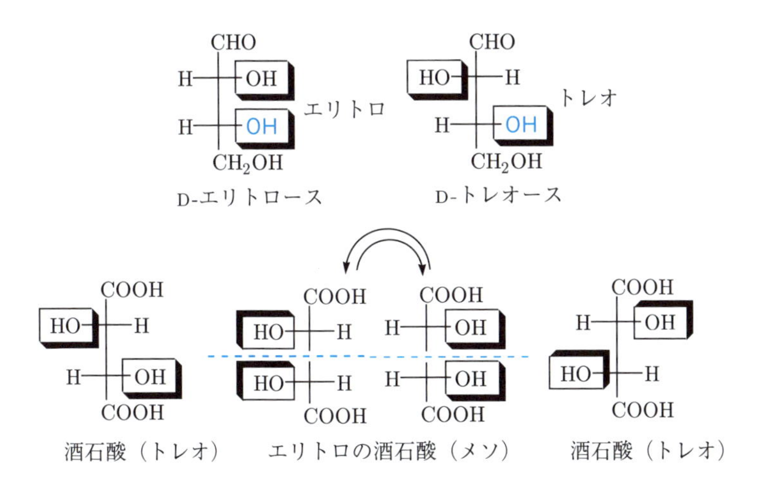

図11.3　トレオ，エリトロとメソ

11.1.4 トレオース，エリトロース

フィッシャー投影式で同じ側に並んだらエリトロ，違う側ならトレオ．ただし，上下の置換基が同じならメソの可能性がある．

アルドースの四炭糖には2位と3位に不斉炭素が二つあるため $2^2 = 4$ 種類の異性体が存在する．3位の水酸基が右側にあることが天然物の D 体の条件である．この際，2位の水酸基が3位と同じ側に並んだ場合，この異性体をエリトロと呼び，違う側の場合トレオと呼ぶ．それぞれの糖の名前はそれぞれの立体関係と一致し，エリトロース，トレオースと呼ぶ．

11.1.5 酒石酸のメソ体

酒石酸はワイン中に存在する炭素数が四つのジカルボン酸である．不斉炭素が二つあるため上記のように異性体が $2^2 = 4$ あると予想される．しかし，上下とも同一のカルボキシ基であるため，2位と3位の炭素間に対称面ができ，上下で対称となる．ゆえにエリトロ体の異性体が同一となるため，異性体は全部で三つしかない．このようなエリトロ体をメソ (meso) 体と呼び，光学活性はない．

11.1.6 環状ヘミアセタール構造

糖は一般的に水溶液中では直鎖構造をとらず，環状構造になっている．これは一般に直鎖分子構造を持つ物質にアルデヒドと水酸基があった場合，水溶液中では五員環または六員環 (第9章) のヘミアセタール構造をとる場合が多いためである．D-グルコースの場合五員環のヘミアセタールまたは六員環のヘミアセタール構造のどちらかをとることが知られている．五員環の場合フランにちなんでフラノース (furanose)，六員環の場合ピランにちなんでピラノース (pyranose) と呼ぶ．環状になることにより新たな不斉を生じる．この異性体を α, β で表し，両者の関係をアノマーと呼ぶ．

11.1.7 変旋光

市販の α-D-グルコピラノースの旋光度を測定するため，溶媒の水に溶解させると，最初は $[\alpha]_D$ は $+112°$ で

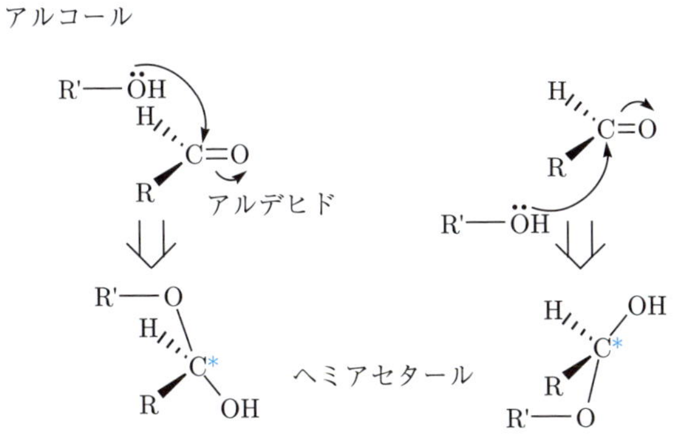

アルコール

アルデヒド

ヘミアセタール

図11.4　アルコールとアルデヒドから新たな不斉点を持つヘミアセタール構造の生成

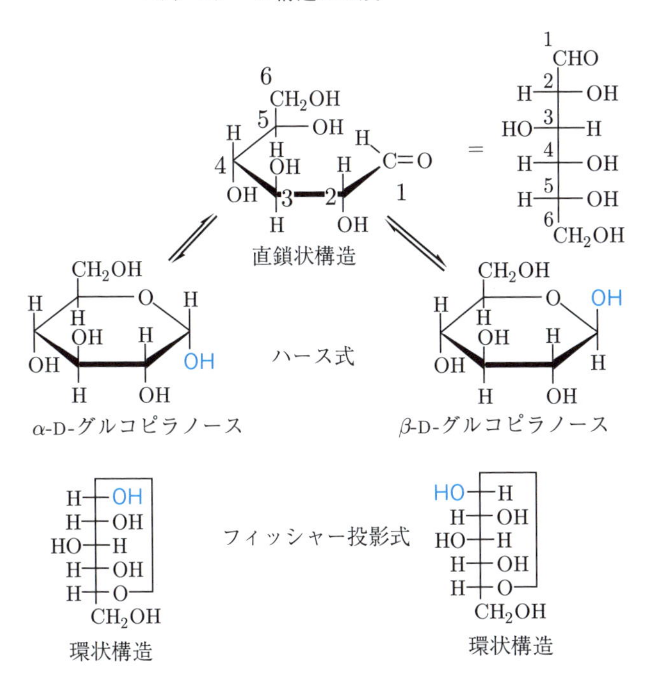

図11.5　αおよびβ-グルコピラノースのハース式とフィッシャー投影式

あるが，水に溶かした瞬間から旋光度が変化し，最終的に 52.5° になる．β 体を溶かすと最初は +19° であるが同様に最終的には 52.5° になる．このような現象を変旋光 (mutarotation) と呼ぶ．これは市販のものはそれぞれ最初純粋な α 体および β 体である．ただし，水溶液中で放置することにより溶液中で開環し直鎖構造となり，その後さらに環化し，ヘミアセタール構造をとる際に α 型と β 型の平衡混合物になるためである．

溶液中で旋光度が変わる現象を変旋光と呼ぶ．

11.1.8　ハース (Haworth) 式

直鎖状の糖はフィッシャー投影式で表すことが多いが，環状のヘミアセタール構造を示す場合ハース式およびフィッシャー式で表す．フィッシャー式でアルドヘキソースをヘミアセタールにする場合，5 位の酸素から結合を伸ばし，上部を通って 1 位のアルデヒドに結合させる．この際 1 位のアノメリック炭素の水酸基が下向きなら α である．ハース式はフィッシャー式より直観的に見やすいほか，二糖類や多糖類を書く場合，単糖間の結合様式がわかりやすいためよく用いられる．

アノマーを構成している中心炭素をアノメリック炭素と呼ぶ．

11.1.9　単糖の反応

●銀鏡反応

アルドースは 1 位にアルデヒドがあるため還元性を示す．試料溶液と硝酸銀溶液を加え，アンモニア水を加えて加熱するとアルドースが銀のアンモニア錯体を還元し，ガラス表面に銀の単体を析出させる．

●フェーリング反応

硫酸銅を含むフェーリング溶液に試料溶液を加えて加熱すると，銅 (II) イオンが還元され，酸化銅 (I) Cu_2O の赤色沈殿が生じる．

これらの糖は還元糖のみで起こる反応で多糖類や二糖類でもショ糖など還元末端を持たない糖では反応が起こらないため，還元糖の検出に使うことができる．

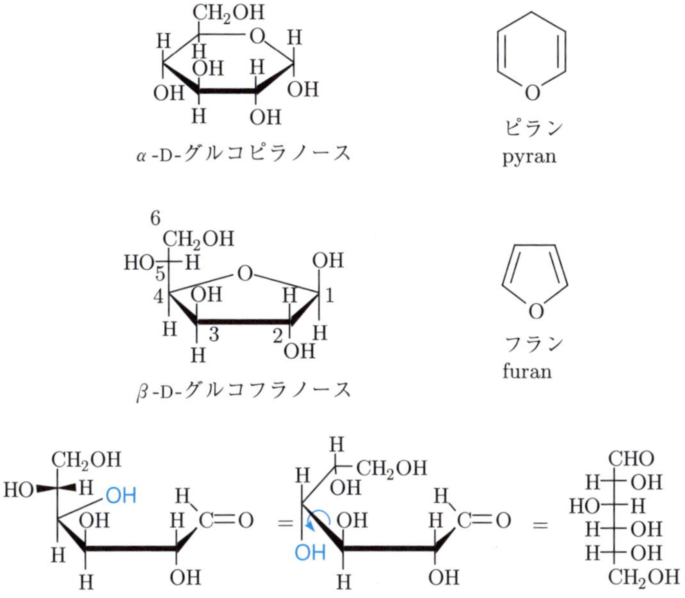

CH2OH
H　O　H
H
OH　H
OH　OH
H　OH

α-D-グルコピラノース

O

ピラン
pyran

6
CH2OH
HO—H
5
O　OH
4　OH　H　1
H　3　2　H
H　OH

β-D-グルコフラノース

O

フラン
furan

CH2OH
HO—H
OH
OH
H　C=O
H　H
H
H　OH
=
H
H—CH2OH
H　OH
OH
H　C=O
OH
H　H
H　OH
=
CHO
H—OH
HO—H
H—OH
H—OH
CH2OH

図11.6　グルコピラノースとグルコフラノース

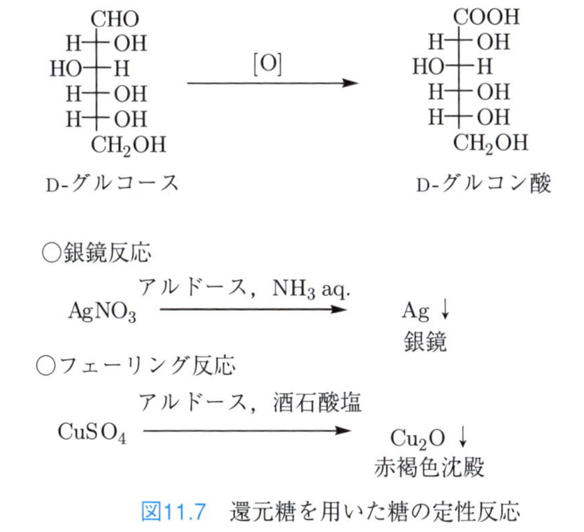

図11.7　還元糖を用いた糖の定性反応

11.2 二糖類

11.2.1 二糖類とは

二糖類にはヘミアセタール性水酸基が残った還元性二糖類と非還元性二糖類がある.

二糖類とは二つの単糖が脱水縮合したものであり，アルコール性水酸基が脱水縮合した還元性二糖類と，二つのヘミアセタール性水酸基間で脱水縮合した非還元性二糖類の2種類がある.

11.2.2 マルトース (還元性二糖類)

マルトースは2分子のD-グルコースが$\alpha 1 \rightarrow 4$結合した二糖類で，デンプンをアミラーゼで加水分解すると得られる．一方の糖のヘミアセタール性水酸基が他の水酸基と脱水縮合することにより生じた結合をグリコシド結合と呼ぶ．マルトースはα-D-グルコピラノースのヘミアセタール性水酸基ともう一つのグルコースの4位の水酸基とグリコシド結合することにより生成する．4位が結合したグルコースは1位のヘミアセタール部分は残っているので直鎖状になった際アルデヒドとなり還元性を有する．$\alpha 1 \rightarrow 4$結合はデンプンのアミロース結合の基本となる結合である.

11.2.3 セロビオース (還元性二糖類)

セロビオースは2分子のD-グルコースが$\beta 1 \rightarrow 4$結合した二糖類で，一方のグルコースが還元性を持つヘミアセタール部を残している.

11.2.4 ラクトース (還元性二糖類)

ラクトースはβ-D-ガラクトピラノースの1位とグルコースの4位がグリコシド結合した二糖類である．哺乳類の乳汁に約5％含まれており，乳児の大切な糖質の栄養源である.

11.2.5 イソマルトース (還元性二糖類)

グルコースが$\alpha 1 \rightarrow 6$結合した二糖類である．$\alpha 1 \rightarrow 6$結合はあまり見られないが，$\alpha 1 \rightarrow 4$結合と$\alpha 1 \rightarrow 6$結合が混在すると多糖類では枝分かれ部位となる.

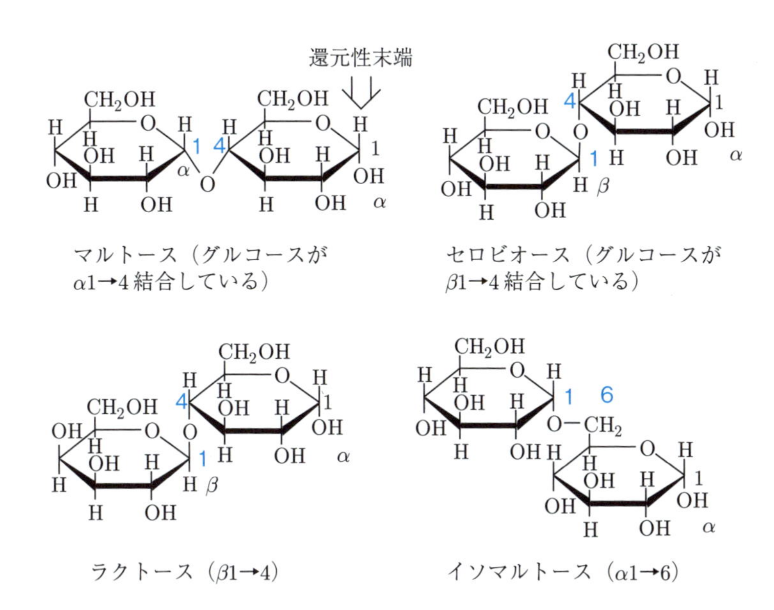

図11.8　還元性二糖類（還元性末端はαのものを記した）

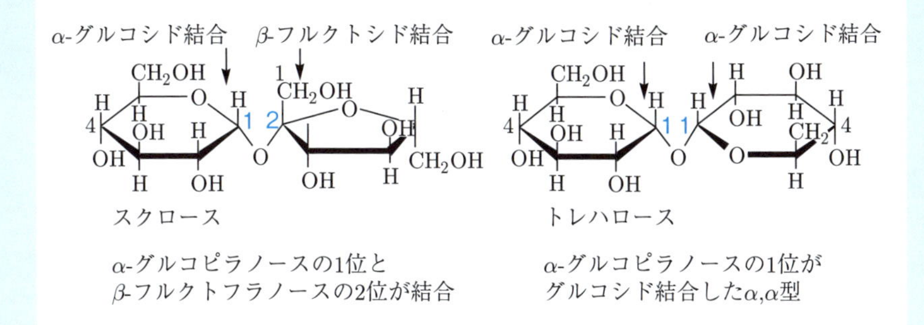

図11.9　非還元性二糖類（ヘミアセタール性水酸基は結合に使われている）

11.2.6 スクロース (非還元性二糖類)

スクロース (ショ糖) は砂糖の主成分. 非還元性二糖類の代表.

遊離状態の糖としては最も天然に多く存在する. 砂糖の主成分で甘味料として多く用いられている.

D-グルコピラノースとD-フルクトフラノースがヘミアセタール性水酸基間でグリコシド結合しているため遊離のアルデヒドは存在せず還元性を示さない.

11.2.7 トレハロース (非還元性二糖類)

D-グルコースのヘミアセタール性水酸基どうしがグリコシド結合した非還元性二糖類である. α,α-, α,β-, β,β-, の三種類があるが, 天然にはα,α-のみが存在する. 細菌や真菌, 藻類や昆虫中に広く分布している.

11.3 多糖類

11.3.1 多糖類とは

多糖類とは天然に多く存在する多数の単糖がグリコシド結合した高分子である.

11.3.2 デンプン

デンプンは植物の種子や塊茎, 根などに含まれる高分子の多糖類である. デンプンは直鎖状のアミロース (amylose) と枝分かれ構造を持つアミロペクチン (amylopectin) の混合物である.

アミロースはグルコースが$\alpha 1 \rightarrow 4$結合し, 約30から3000個集まった直鎖状の高分子である. グルコース約6個を単位とする左巻きのらせんを形成し, このらせん内にヨウ素分子を取り込み青紫色の複合体を形成するため, 特徴的なヨウ素デンプン反応を示す. アミロペクチンは数千から数万のD-グルコースが$\alpha 1 \rightarrow 4$結合を主鎖としながら数十個のグルコースに一つの割合で$\alpha 1 \rightarrow 6$結合の枝分かれを持つ, 水に不溶性の高分子である.

グリコーゲンは動物体内で貯蔵された多糖類である. アミロペクチン同様枝分かれがあり, 分子鎖はアミロペクチンに比べ短い.

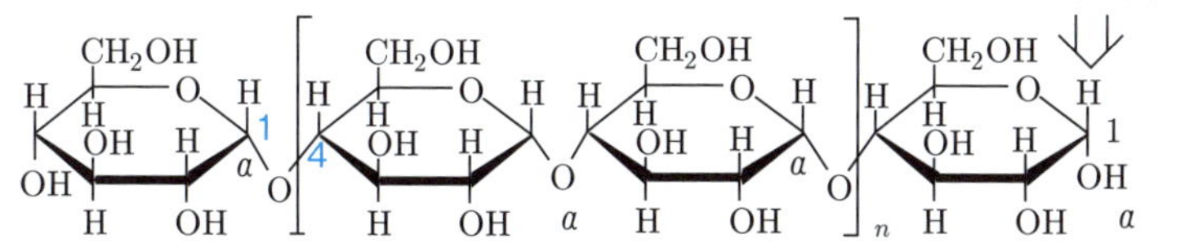

アミロースの構造（α1→4のマルトース型構造を繰り返す）

アミロースのらせん型構造

左巻きのらせんの中にヨウ素分子がちょうど包摂され，ヨウ素デンプン反応を示す

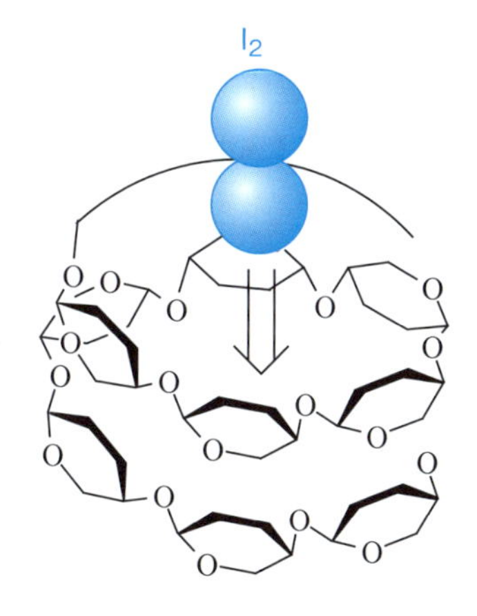

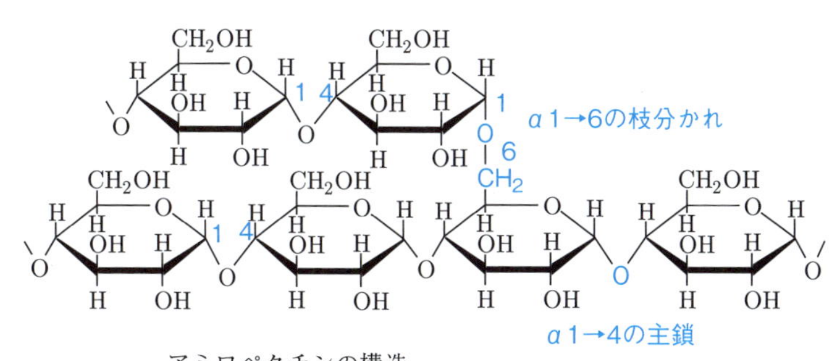

アミロペクチンの構造
（α1→4のマルトース型構造と
α1→6のイソマルトース型構造が混在）

図11.10　デンプン（アミロース，アミロペクチン）の構造

11.3.3 セルロース

セルロースは地球上に最も多く存在する有機物の一つ.

セルロースは木材など植物の細胞壁の主成分であり，地球上に最も多量に存在する有機物の一つである．セルロースはD-グルコースがβ1→4結合した直鎖状の多糖類である．セルロースはアルドヘキソースとしては最も安定な分子構造をとっており，分子全体では線状構造をとっている．また他の分子と強固な水素結合を形成するため非常に安定でわずかな酵素を除いてセルロース分子を分解できない．

11.3.4 キチン・キトサン

キチンはN-アセチルグルコサミン，キトサンはグルコサミンがβ1→4結合した多糖類である．キチンはカニなどの甲殻類中に多く存在し，このキチンのアセチル基を切断したものをキトサンと呼ぶ．人工皮膚や縫合糸，食品添加物などに用いられバイオマスとして研究されている．

バイオマスとは生物生産された物質を有効利用することである．これまで捨てられていたカニの甲羅がキチンとして有効利用されるようになった．その他のバイオマスとしてバイオディーゼル燃料などがある．

11.3.5 シクロデキストリン

デンプンを特別な酵素で処理すると環状のオリゴ糖であるシクロデキストリンが生成する．シクロデキストリンはD-グルコピラノースがα1→4結合し，グルコースが6 (α), 7 (β), 8 (γ) 個単位で環状になったものである(第9章)．形状はバケツ状であり，C-2およびC-3の水酸基がバケツの大きい口側に，C-6のヒドロキシメチル側がバケツの小さい口の底側になる．シクロデキストリンはα, β, γになるに従い中心の空孔が大きく(5, 7, 9 Å)包摂できる分子のサイズが変化する．シクロデキストリンは外部が親水性で内部が疎水性という特徴を生かして超分子の材料として広く使われている．その他不安定な薬品への添加など包摂作用を生かして薬品や食品など幅広い分野に利用されている．

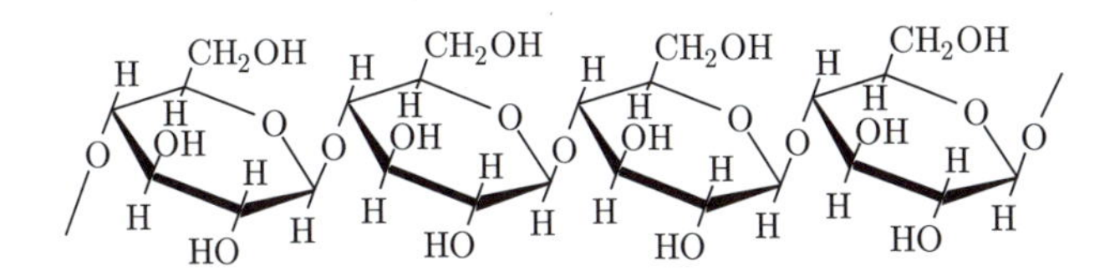

図11.11　セルロースの構造（β1→4のセロビオース型構造を繰り返す）

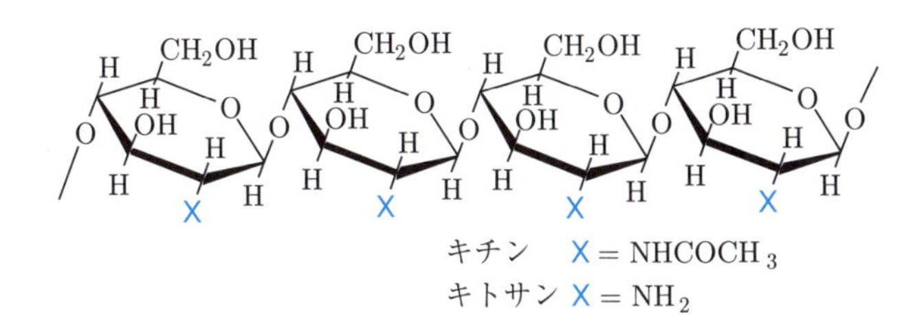

図11.12　キチン，キトサンの構造

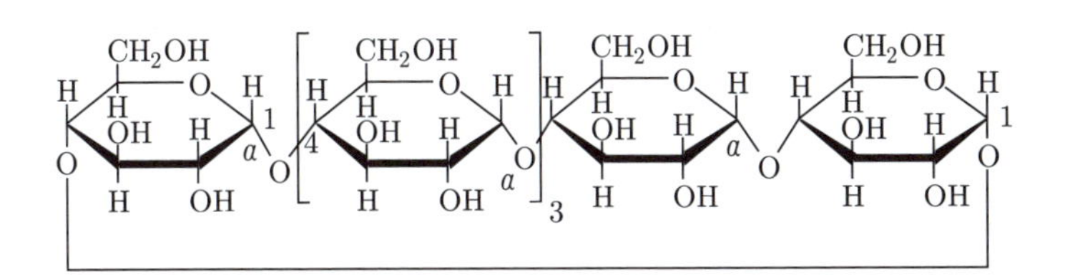

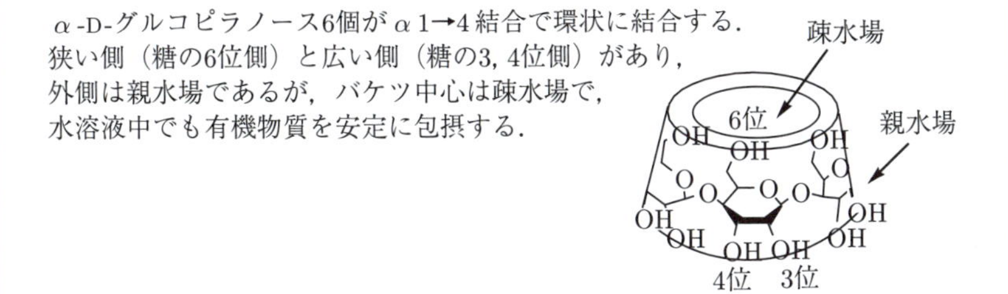

α-D-グルコピラノース6個がα1→4結合で環状に結合する．
狭い側（糖の6位側）と広い側（糖の3, 4位側）があり，
外側は親水場であるが，バケツ中心は疎水場で，
水溶液中でも有機物質を安定に包摂する．
疎水場
6位
親水場
4位　3位

図11.13　α-シクロデキストリンとその概念図

演 習 問 題
第11章

1 次の化合物の名称を示せ.

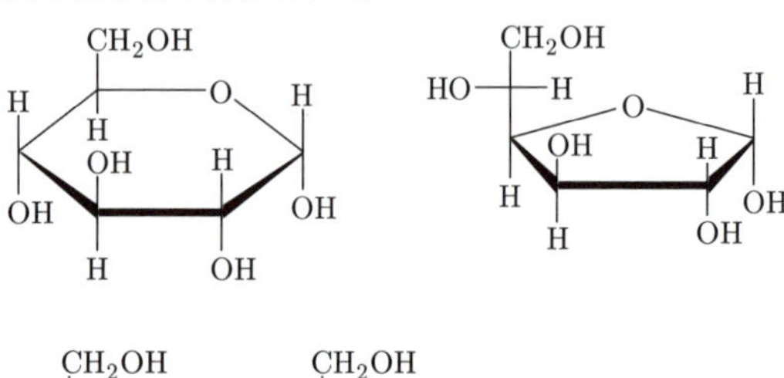

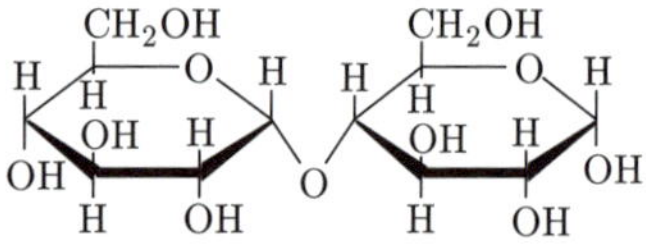

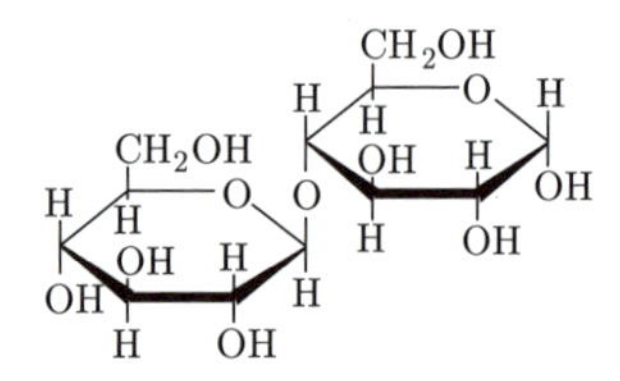

2 糖の定性反応にはどのようなものがあるか.

3 ヨウ素デンプン反応とはどのようなものか. またその原理はどのようになっているのか.

脂　質

本章の内容

12.1 油　脂

12.1.1　油脂とは

油脂は脂肪酸とグリセリンのエステル．液体は油で固体は脂肪．

脂質 (lipids) のうち，油脂とは脂肪酸 (長鎖カルボン酸) とグリセリンのエステルであり，室温で液体のものを油 (oil)，室温で固体のものを脂肪 (fat) と呼ぶ．また高級アルコール (炭素数の多いアルコール) と脂肪酸のエステルをろう (wax) と呼ぶ．

12.1.2　油脂の命名法

油脂中に存在する代表的な脂肪酸を表 **12.1** に示す．天然の脂肪酸は炭素数が偶数のものが多く，特に炭素数 16 および 18 のものが多い．また飽和脂肪酸以外にも二重結合や三重結合を含む不飽和脂肪酸も存在する．一般に動物性油脂は融点の高い飽和脂肪酸を多く含み，常温で固体のことが多い．また植物性油脂には不飽和脂肪酸が多く存在し，常温で液体のことが多い．

油脂はグリセリンと脂肪酸とのエステル (グリセリド) である．グリセリンに脂肪酸が一つ結合したものをモノグリセリド，二つ結合したものをジグリセリド，三つ結合したものをトリグリセリドと呼ぶ．これらの化合物はいずれも電荷を持たないので中性脂肪と呼ばれている．天然に存在する油脂はトリグリセリドで，トリグリセリド中の脂肪酸の種類は異なる場合もあるが同一の場合もあり，その脂肪酸名とグリセリドで表現する．

12.1.3　油脂の構造

不飽和脂肪酸はシス体のものが多い．油脂中の不飽和脂肪酸が多いと液体の油になる．

油脂の脂肪酸のうち不飽和脂肪酸はおおむねシス体である．熱力学的に不安定なシス体が多いため，でき上がる油脂も構造的な曲がりを生じている．脂肪酸の場合，同一の不飽和脂肪酸ではトランス体よりシス体の融点が低く有機溶媒への溶解度も高い．流動モザイクモデル (12.2 節) で示される脂質二重膜構造で膜が強固でなく流動的なのもこの影響であると考えられる．

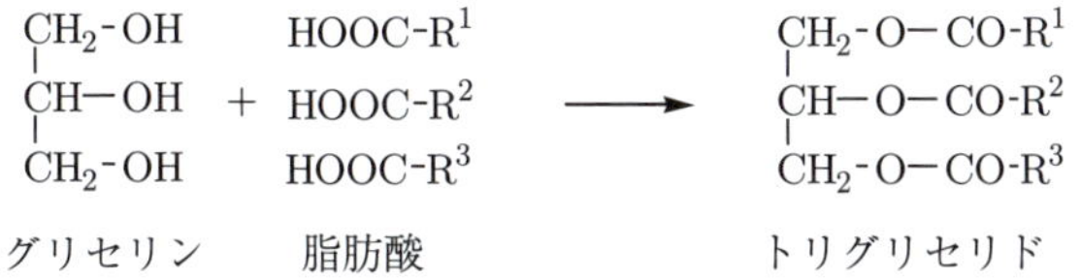

$$\begin{array}{l} CH_2\text{-}OH \\ | \\ CH\text{-}OH \\ | \\ CH_2\text{-}OH \end{array} + \begin{array}{l} HOOC\text{-}R^1 \\ HOOC\text{-}R^2 \\ HOOC\text{-}R^3 \end{array} \longrightarrow \begin{array}{l} CH_2\text{-}O\text{-}CO\text{-}R^1 \\ | \\ CH\text{-}O\text{-}CO\text{-}R^2 \\ | \\ CH_2\text{-}O\text{-}CO\text{-}R^3 \end{array}$$

グリセリン　　脂肪酸　　　　トリグリセリド

図12.1　油脂の基本骨格

表12.1　一般的な脂肪酸

飽和脂肪酸	$CH_3-(CH_2)_{10}-COOH$	ラウリン酸
	$CH_3-(CH_2)_{12}-COOH$	ミリスチン酸
	$CH_3-(CH_2)_{14}-COOH$	パルミチン酸
	$CH_3-(CH_2)_{16}-COOH$	ステアリン酸
不飽和脂肪酸	$CH_3\text{-}(CH_2)_7-\overset{cis}{CH=CH}\text{-}(CH_2)_7-COOH$	オレイン酸
	$CH_3\text{-}(CH_2)_4-(\overset{cis}{CH=CH}\text{-}CH_2)_2-(CH_2)_6-COOH$	リノール酸
	$CH_3\text{-}CH_2-(\overset{cis}{CH=CH}\text{-}CH_2)_3-(CH_2)_6-COOH$	リノレン酸

12.1.4 油脂の反応

油脂の分析には古くからヨウ素価とケン化価という方法が使われてきた.

脂肪酸の基本的な反応はカルボン酸(7.1節)に挙げた. 油脂そのものの反応はエステルに基づくものについてはカルボン酸誘導体(7.2節)に示してある. 古くから用いられていた油脂の分析法の一つにケン化価がある. 油脂1gをケン化するのに必要なKOHのミリグラム数のことでこの値により油脂の平均分子量がわかる.

油脂の脂肪酸の不飽和性を示すものにヨウ素価がある. 油脂100g中の不飽和部位にヨウ素を付加させるのに必要なヨウ素のグラム数をヨウ素価と呼び不飽和性を示す指標となる. ヨウ素価が130以上を乾性油(アマニ油, キリ油), 130〜100を半乾性油(綿実油), 100以下を不乾性油(オリーブ油)と呼び油脂の分類の一つとして使われる.

不飽和度の高い植物性の液体の油も触媒存在下水素添加させることにより, 固体の脂肪(硬化油)となる. 液体のコーン油などを適度に水素添加させるとバター程度の硬さとなるため, これに香りや着色料を付けてマーガリンとして利用されている.

不飽和脂肪酸のうち二重結合を二つ持つ脂肪酸の多くは非共役の二重結合である(例:リノール酸). 二重結合に隣接するメチレン(アリル位のメチレン)は活性が高いため水素結合がラジカル的に引き抜かれラジカルが生成し, このラジカルが分子状酸素と反応しペルオキシラジカルとなる. ペルオキシラジカルは他のアリル位の水素を奪うなどの反応を引き起こす. このような過程を自動酸化と呼び, 古くなった油の粘性が上がるのはこのような酸化によるものである. 通常油脂の酸敗と呼ばれている現象は油脂の自動酸化である. これらの自動酸化は酸素, 水分, 熱, 光によって加速される. このように反応性の高い酸素は生体内では活性酸素と呼ばれ, 高反応性の酸素が自動酸化を加速し, 脂質の酸化や動脈硬化, 発ガンや老化に関与していると言われている.

$CH_2\text{-}O\text{-}CO\text{-}(CH_2)_n\text{-}CH{=}CH\text{-}(CH_2)_m\text{-}CH_3$
$CH\text{—}O\text{-}CO\text{-}(CH_2)_n\text{-}CH{=}CH\text{-}(CH_2)_m\text{-}CH_3$
$CH_2\text{-}O\text{-}CO\text{-}(CH_2)_n\text{-}CH{=}CH\text{-}(CH_2)_m\text{-}CH_3$

$\xrightarrow{3I_2}$

$CH_2\text{-}O\text{-}CO\text{-}(CH_2)_n\text{-}CIH\text{-}CIH\text{-}(CH_2)_m\text{-}CH_3$
$CH\text{—}O\text{-}CO\text{-}(CH_2)_n\text{-}CIH\text{-}CIH\text{-}(CH_2)_m\text{-}CH_3$
$CH_2\text{-}O\text{-}CO\text{-}(CH_2)_n\text{-}CIH\text{-}CIH\text{-}(CH_2)_m\text{-}CH_3$

油脂100 g に付加するヨウ素のグラム数をヨウ素価という

$CH_2\text{-}O\text{-}CO\text{-}(CH_2)_7\text{-}CH{=}CH\text{-}(CH_2)_7\text{-}CH_3$
$CH\text{—}O\text{-}CO\text{-}(CH_2)_7\text{-}CH{=}CH\text{-}(CH_2)_7\text{-}CH_3$
$CH_2\text{-}O\text{-}CO\text{-}(CH_2)_7\text{-}CH{=}CH\text{-}(CH_2)_7\text{-}CH_3$

オレイン酸のトリグリセリド
液体

$\xrightarrow[Ni]{3H_2}$

$CH_2\text{-}O\text{-}CO\text{-}(CH_2)_7\text{-}CH_2\text{-}CH_2\text{-}(CH_2)_7\text{-}CH_3$
$CH\text{—}O\text{-}CO\text{-}(CH_2)_7\text{-}CH_2\text{-}CH_2\text{-}(CH_2)_7\text{-}CH_3$
$CH_2\text{-}O\text{-}CO\text{-}(CH_2)_7\text{-}CH_2\text{-}CH_2\text{-}(CH_2)_7\text{-}CH_3$

ステアリン酸のトリグリセリド
固体（硬化油）

図12.2　油脂の反応

$\text{-}CH{=}CH\text{-}CH_2\text{-}CH{=}CH\text{—} \longrightarrow \text{-}CH{=}CH\text{-}\dot{C}H\text{—}CH{=}CH\text{—} + H^\bullet$

アリル位のメチレン

$\downarrow O_2$

$\text{-}CH{=}CH\text{-}CH(\text{-}O\text{-}O^\bullet)\text{—}CH{=}CH\text{—}$

$\text{-}CH{=}CH\text{-}CH_2\text{-}CH{=}CH\text{—}$

$\text{-}CH{=}CH\text{-}CH\text{—}CH{=}CH\text{—}$
$|$
O
$|$
O
$|$
$\text{-}CH{=}CH\text{-}CH\text{—}CH{=}CH\text{—}$　$+ H^\bullet$

酸化し重合した油脂

$\downarrow H^\bullet$

$\text{-}CH{=}CH\text{-}CH(\text{-}O\text{-}OH)\text{—}CH{=}CH\text{—}$

過酸化脂質

図12.3　油脂の酸敗

12.1.5 ろ う

脂肪酸と高級アルコールのエステルはろう.

油脂は脂肪酸とグリセリンのエステルであるが，ろうは脂肪酸と高級アルコールとのエステルである．一般に炭素数 C_{16}～C_{30} 程度の高級飽和脂肪酸と高級飽和アルコールやテルペンアルコールなどからできている．動植物を問わず広く自然界に分布しており，植物では葉の表面を被覆し水の蒸散を防いでおり，動物では水をはじく働きをするため毛や羽表面を覆っている．動物から蜜ろうや鯨(げい)ろうなどが得られ，軟膏や化粧品の基剤に使われている．これら植物ろうや動物ろうはエステルであるが，ろうと呼ばれるものの中にはこのほか石油ろうと分類されるパラフィンワックスがある．現在ロウソクに使われているろうはほとんどがパラフィンワックスで，これはエステルではなく直鎖の炭化水素である．

●脂肪とカロリー●●●●●●●●●●●●●●●●●●●●●

我々の食生活に欠かせない三大栄養素とはタンパク質，糖質，脂質である．タンパク質は分解され，アミノ酸となり，体内でペプチドやタンパク質合成に使われる．糖質は単糖に分解され我々の活動の源になるエネルギー「ATP」(第 13 章) の合成に使われる．余剰の糖質はグリコーゲンとして一時的に蓄えられるが，最終的には中性脂肪として蓄えられることが多い．タンパク質や糖質の持つ熱量は一般的に 4 kcal/g と言われているのに対し，脂質は 9 kcal/g であり，重さあたりのエネルギー貯蔵率は高い．摂取した脂質は脂肪酸とグリセリンに分解され，代謝に用いられるが，余剰の脂質は同様に皮下に蓄えられる．グルコース 1 分子を完全に燃焼させたとき得られる ATP は 38 分子だが，C_{16} のパルミチン酸を完全に酸化して得られる ATP の量は約 130 分子である．

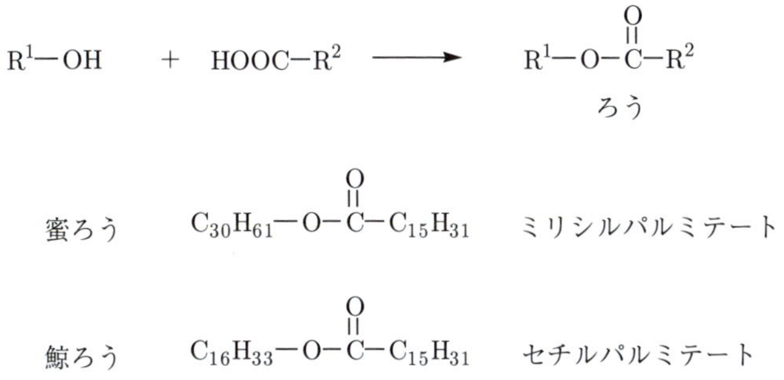

$$R^1\text{—OH} \quad + \quad \text{HOOC—}R^2 \longrightarrow R^1\text{—O—}\overset{\overset{\displaystyle O}{\|}}{C}\text{—}R^2$$

ろう

蜜ろう　$C_{30}H_{61}\text{—O—}\overset{\overset{\displaystyle O}{\|}}{C}\text{—}C_{15}H_{31}$　ミリシルパルミテート

鯨ろう　$C_{16}H_{33}\text{—O—}\overset{\overset{\displaystyle O}{\|}}{C}\text{—}C_{15}H_{31}$　セチルパルミテート

図12.4　ろうの基本骨格

表12.2　三大栄養素

名称	熱量	働き
タンパク質	4 kcal / g	細胞の原形質を構成 酵素などを構成 DNAを元に作られる
糖質	4 kcal / g	主要な熱源 （グルコース1分子から38 ATP）
脂質	9 kcal / g	生体膜の原料（主にリン脂質） 体内に蓄えらる熱源（主に中性脂肪） （パルミチン酸1分子から129 ATP）

1 cal＝4.19 J

12.2 リン脂質とその他の脂質

12.2.1 リン脂質とは

リン脂質は２本の疎水基と親水基．セッケンのようにミセル構造を作る．

グリセリンと脂肪酸からなる中性脂肪を単純脂質というのに対し，リン酸や窒素塩基，糖類やアミノ酸などが結合した脂質を複合脂質という．複合脂質にはリン脂質や糖脂質，タンパク質脂質などがある．中性脂肪はトリグリセリドであるが，グリセリンの3位のエステルがリン酸誘導体に置き替わったものをリン脂質という．

リン脂質のうち最も単純なものは3位がリン酸エステルとなったホスファチジン酸である．しかし，ホスファチジン酸は細胞内の総リン酸中わずかしか存在しない．リン酸は三塩基酸のため，さらに別のアルコールとエステル結合を形成できる．そこにコリンが結合したものがホスファチジルコリンである．ホスファチジルコリンなどリン脂質を含むものを広くレシチンと呼び，動植物に広く分布している．リン脂質には疎水性の2本の長鎖アルキルと3位の極性官能基がある．一分子中に疎水基と親水基があるためセッケン(7.1節)同様ミセル構造をとる．リン脂質は細胞内の膜形成に重要な働きをしている．

12.2.2 脂質二重膜

生体膜は流動的な脂質二重膜でできている．脂質二重層とも呼ばれる．

セッケンが水溶液中で油滴を中心にミセル構造をとるように，リン脂質など両親媒性を持つ分子は水溶液中では親水性基を外側に向け疎水基どうしを寄せ合っている．脂質が二重構造をとって平面上に広がったものを特に脂質二重膜といい，細胞中の生体膜はこの脂質二重膜ででき上がっている．脂質二重膜は非常に流動的で柔らかい構造をとっており，この膜の表面や膜の上下を貫通して膜タンパクが存在しており，このタンパクは膜内を自由に移動する．この構造を流動モザイクモデルという．

CH_2-O−CO-R^1
|
CH−O−CO-R^2
|
CH_2-O−CO-R^3

トリアシルグリセリド

1 CH_2-O−CO-R^1
|
2 CH−O−CO-R^2
|
3 CH_2-OH

ジアシルグリセリド

$\xrightarrow{H_3PO_4}$（リン酸エステル化）

CH_2-O−CO-R^1
|
CH−O−CO-R^2
|
CH_2-O−P(=O)(OH)-OH

3-ホスホグリセリド
（ホスファチジン酸）

CH_2-O−CO-R^1
|
CH−O−CO-R^2
|
CH_2-O−P(=O)(OH)-OH

ホスファチジン酸

＋ HO−CH_2−CH_2−$N^+(CH_3)_3$

コリン

⟶

CH_2-O−CO-R^1
|
CH−O−CO-R^2
|
CH_2-O−P(=O)(OH)−O−CH_2−CH_2−$N^+(CH_3)_3$

ホスファチジルコリン

図12.5　代表的なリン脂質とその構造

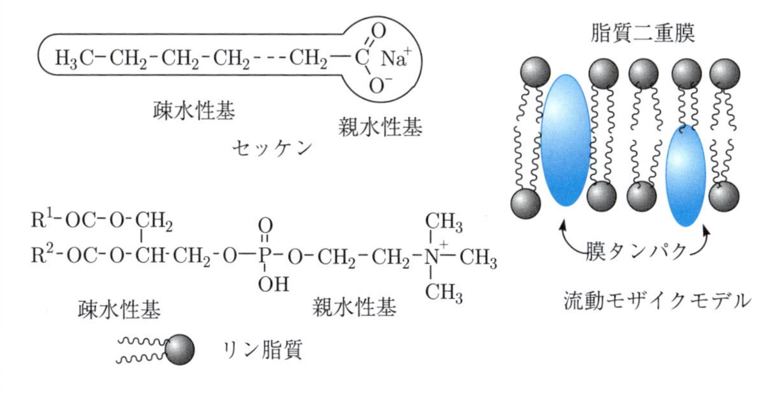

図12.6　セッケンとリン脂質と流動モザイクモデルの概念図

12.3 テルペンとステロイド

12.3.1 テルペンとは

テルペンはイソプレンが集まったもの．炭素数は 5 の倍数．

脂質には油脂やリン脂質以外にテルペン類やステロイド類が知られており，生物化学の中で重要な位置を占める．テルペンは天然に広く分布する天然有機化合物で基本単位としてイソプレン構造を持っており，その種類も6000 以上が知られている．単位構造として構成するイソプレン (C_5H_8) が二つのものをモノテルペン，三つのものをセスキテルペン，四つのものをジテルペン，六つのものをトリテルペンという．

モノテルペン (C_{10}) は分子量が比較的小さく天然の精油中に多く見いだされる．シトロネラールはシトロネラ油やレモン油から得られるモノテルペンでセッケン香料や防虫剤に用いられる．リモネンはオレンジ油中に，メントールはハッカやミントに，ショウノウはクスノキの精油中に含まれる．

トリテルペン (C_{30}) にはスクアレンがある．サメ肝油を始め動物肝臓中に含まれ，コレステロール合成の前駆体となる．

テトラテルペンには β-カロテンがある．植物中にはクロロフィル (第 9 章) とともに存在する色素で，ニンジンのオレンジ色の元である．ビタミン A の前駆体であり，脂質に対する抗酸化作用 (12.1 節) がある．

ポリテルペンにはシス体のオレフィンを含む天然ゴムやトランス体のグッタペルカ，その他ビタミン K などがある．生体における電子伝達系に関与するものとしてキノン類が知られているが，光合成で光エネルギーを電気エネルギーに変える際 (14.1 節)，発生した電子を受け取る電子受容体として使われているのがユビキノン (コエンザイム Q) である．

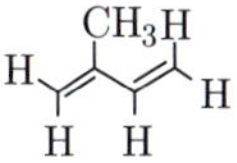

CH_3 H
H H
H H

イソプレン(C_5H_8)

モノテルペン（イソプレン単位二つ　C_{10}）

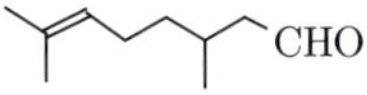

CHO
シトロネラール
（シトロネラ油，レモン油）

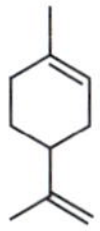

リモネン
（オレンジ油）

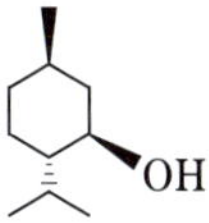

OH
L-メントール

O
ショウノウ
（クスノキ精油）

トリテルペン（イソプレン単位六つ　C_{30}）

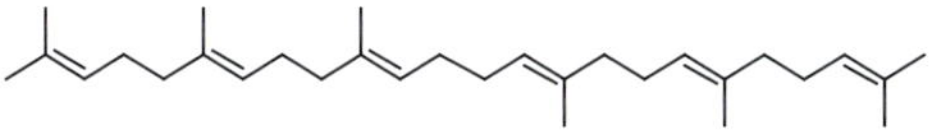

スクアレン

テトラテルペン（イソプレン単位八つ　C_{40}）

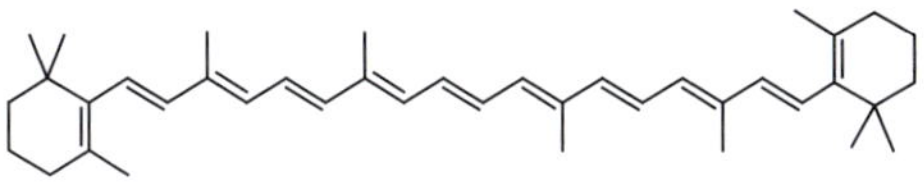

β-カロテン

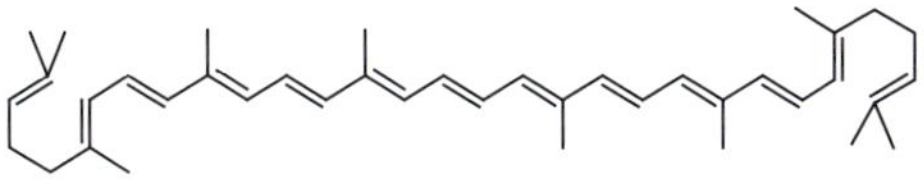

リコペン

ポリテルペン

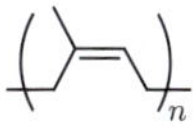

n
天然ゴム

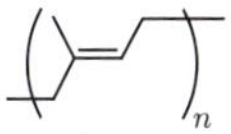

n
グッタペルカ

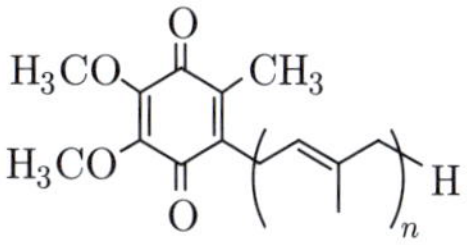

O
H_3CO CH_3
H_3CO H
O n
ユビキノン

図12.7　イソプレンとテルペン

ステロイドは四環系の骨格でホルモンによく含まれている．プロスタグランジンは局所でしか使われないホルモン．

12.3.2 ステロイドとは

ステロイド (steroid) とは六員環と五員環が縮環したABCDの四環系骨格を持つ化合物の総称である．多くの動植物中に見られ，生理活性を持つものが多い．

ステロイド骨格を持つアルコールをステロールと呼び最もよく知られているのはコレステロールである．コレステロールは他の有用なステロイド類の前駆体となるが，血中のコレステロール濃度が高すぎると動脈壁に蓄積し動脈硬化の原因となる．

性ホルモンとして男性ホルモンの一種のテストステロンや女性ホルモンのうち卵胞ホルモンの一つであるエストロン，黄体ホルモンの一つであるプロゲステロンなどが知られている．

副腎皮質ホルモンの代表として関節炎の薬であるコルチゾンがよく知られている．副腎皮質ホルモンは副腎皮質で生成・分泌され生体の代謝を支配し，炎症やアレルギーの調整をする働きがある．

12.3.3 プロスタグランジンとは

プロスタグランジンも脂質に分類される生理活性物質の一つである．プロスタグランジンは局所ホルモン (オータコイド) と呼ばれ，必要な部位で極微量生合成されすぐ代謝される生理活性物質である．

プロスタグランジンの基本骨格はプロスタン酸であり，五員環の構造によりAからIに分類される．また側鎖中の二重結合の数をアルファベットの右下に書く．プロスタグランジンには多くの種類があり，平滑筋収縮作用その他平滑筋の弛緩作用のあるものや，子宮筋収縮，血小板の凝集促進や血小板凝集抑制作用があるなど局所で (半減期が37°Cで5分程度のものもある) しか生理活性を持たないという重要な特徴がある．

ステロイドの基本骨格

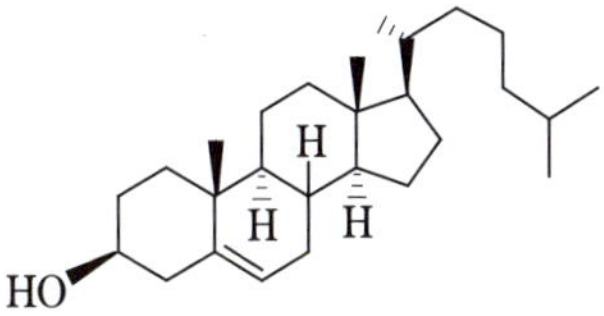

コレステロール 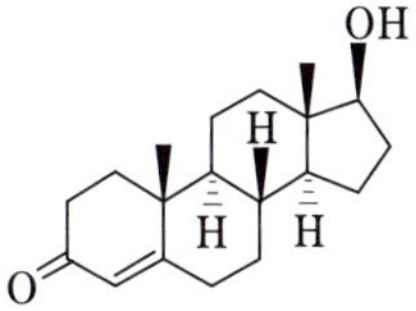　　テストステロン

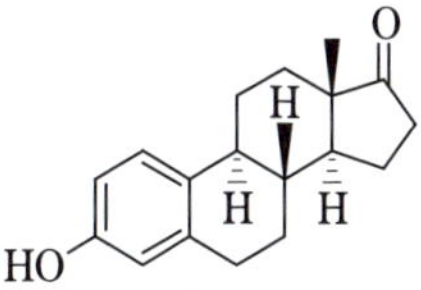

エストロン 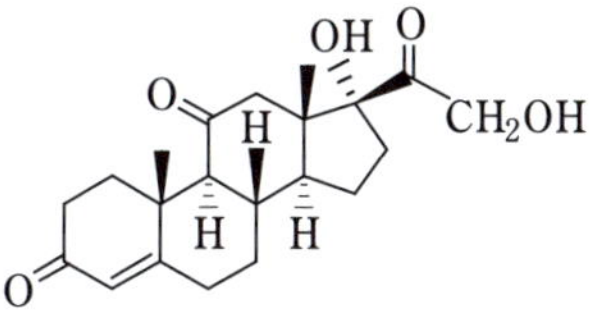　　コルチゾン

図12.8　ステロイド類の構造

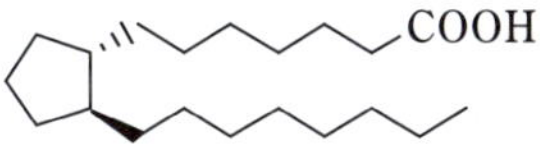

プロスタン酸

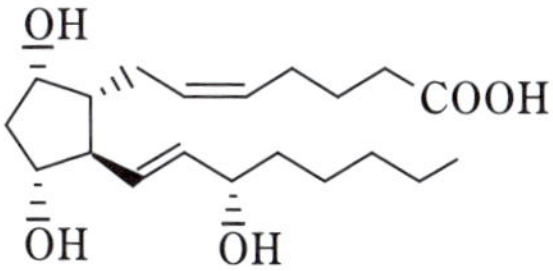

プロスタグランジン$F_{2\alpha}$
平滑筋収縮作用

図12.9　プロスタグランジン類の構造

演　習　問　題
第12章

1　次の化合物の名称を示せ.

$$
\begin{array}{l}
CH_2-O-CO-C_{17}H_{35} \\
| \\
CH-O-CO-C_{17}H_{35} \\
| \\
CH_2-O-CO-C_{17}H_{35}
\end{array}
$$

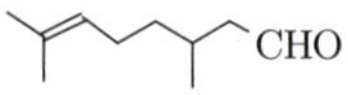

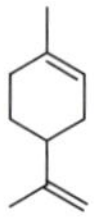

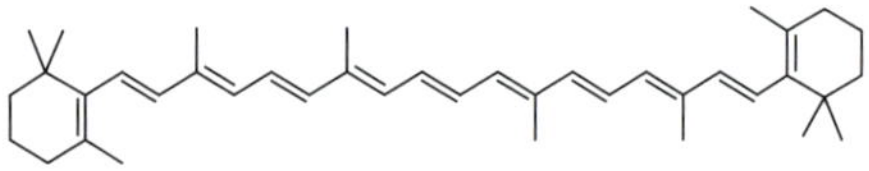

CHO

2　脂質二重膜と流動モザイクモデルについて説明せよ.

3　モノテルペン，トリテルペン，テトラテルペンはそれぞれ炭素数が何個の天然物か.

第13章

核　酸

本章の内容

13.1 核酸とは

核酸には DNA と RNA があり，糖，リン酸，塩基から成り立っている．

核酸とは細胞の核の中から発見された酸性の高分子物質であることから名付けられた．この基本構造は糖 (11.1 節)，リン酸，塩基と呼ばれる含窒素複素環 (第 9 章) から成り立っている．核酸には大きく分けて遺伝子の情報の保存を担当する **DNA** (デオキシリボ核酸) と DNA の情報をコピーし，翻訳し，タンパク質合成を行うなど生命活動においての実質的な役割を担う **RNA** (リボ核酸) の二つに分かれる．

13.1.1 糖

核酸に含まれる糖はリボフラノースと 2-デオキシリボフラノースである．それぞれ RNA と DNA を構成する糖である．

13.1.2 塩 基

DNA にはシトシン，チミン，アデニン，グアニンがある．
RNA にはシトシン，ウラシル，アデニン，グアニンがある．

核酸の塩基にはピリミジン塩基とプリン塩基がある．ピリミジン塩基にはシトシン (C)，ウラシル (U)，チミン (T) が，プリン塩基にはアデニン (A)，グアニン (G) がある．チミンは DNA 中にのみ，ウラシルは RNA 中のみに存在する．

13.1.3 ヌクレオシドとヌクレオチド

糖の 1 位の水酸基と塩基のアミンが脱水縮合したものをヌクレオシドと呼ぶ．ヌクレオシドの 5 位の水酸基がリン酸エステルとなったものをヌクレオチドと呼ぶ．アデニンと糖が結合したものをアデノシンと呼び，リボースの 5 位にリン酸が結合したものを 5′-アデニル酸 (アデノシン 5′-一リン酸，AMP) と呼ぶ．リン酸エステルにさらにリン酸化が起こり二つ目のリン酸が結合するとアデノシン二リン酸 (ADP)，さらに結合するとアデノシン三リン酸 (**ATP**) となる．ATP はミトコンドリア内で作られる高エネルギー物質である (12.1 節)．

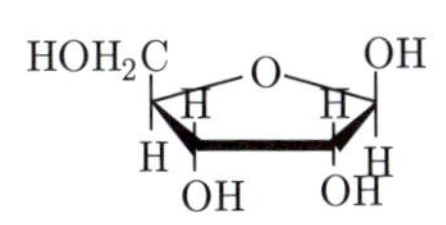

β-D-リボフラノース
（RNAに含まれる糖）

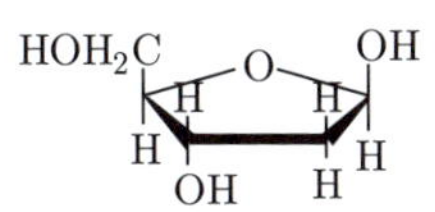

β-D-2-デオキシリボフラノース
（DNAに含まれる糖）

図13.1　核酸中に含まれる糖

ピリミジン塩基

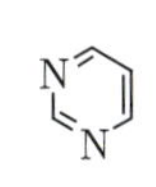

ピリミジン 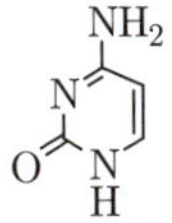　シトシン 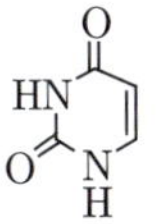　ウラシル 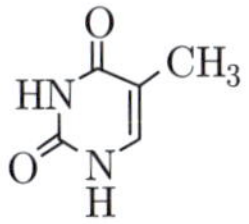　チミン

プリン塩基

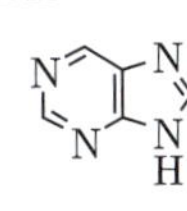

プリン 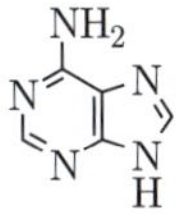　アデニン 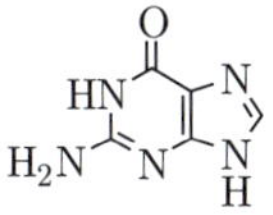　グアニン

図13.2　核酸中に含まれる塩基

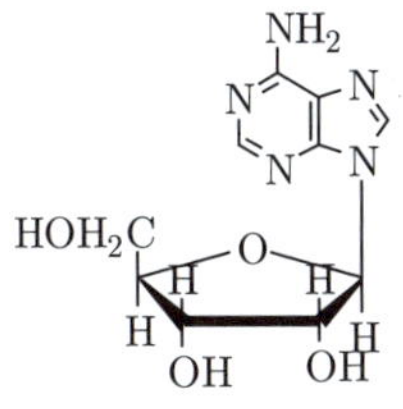

ヌクレオシド　糖＋塩基
アデノシン
（9-β-D-リボフラノシルアデニン）

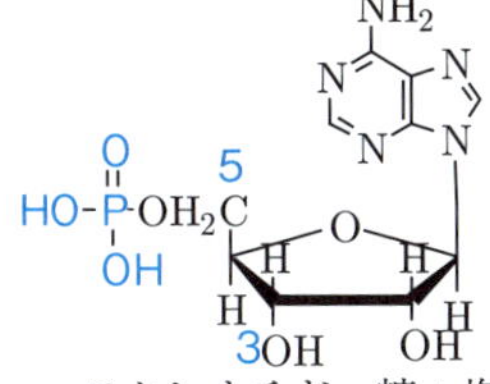

ヌクレオチド　糖＋塩基＋リン酸
アデニル酸アデノシン5'-一リン酸

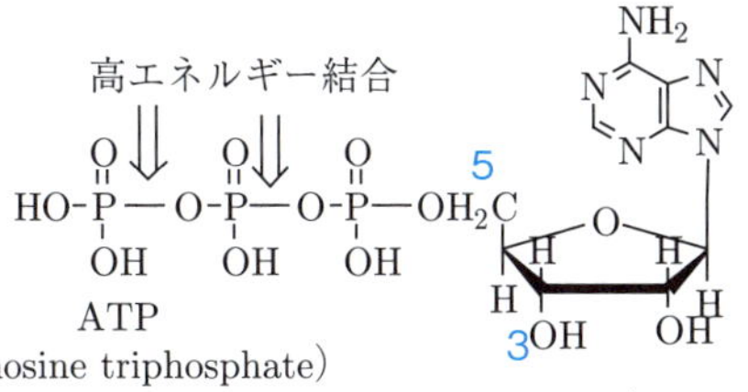

高エネルギー結合

ATP
（adenosine triphosphate）

アデノシン5'-三リン酸

図13.3　ヌクレオシドとヌクレオチド

13.2 核酸の構造

DNAはデオキシリボースにアデニン(A)，チミン(T)，シトシン(C)，グアニン(G)の4種類の塩基を持つ高分子である．基本構造はそれぞれの塩基を有したデオキシリボヌクレオチド5′-一リン酸が別の塩基を有する3位のデオキシリボヌクレオチドに結合した構造をとっている．この塩基の位置関係を表すため糖の5′位と3′位を使い5′→3′と表記する．この長い高分子の鎖が**DNA**である．1953年ワトソン(Watson)とクリック(Crick)はこの鎖が2本ずつ並び右巻きの二重らせんになっており，鎖どうしはお互いが結合しはしご状になっており，この鎖の方向は互いに逆向きであることを見いだした．それ以降このDNAの二重らせんはワトソン-クリック(Watson-Crick)モデルと呼ばれるようになった．このお互いの鎖はチミン-アデニン間では二本の，シトシン-グアニン間では三本の水素結合で堅固に結合している．

ワトソン-クリックモデルの二重らせんは相補的な塩基対で構成された二本の**DNA**である．

13.3 DNAの複製とRNAの転写

DNA→RNA→タンパク質の流れをセントラルドグマと言い，生命の根本となるものである．

DNAは主として細胞質の核内に存在し，細胞分裂の際，核とともに複製される．DNAの2重らせん構造はほどけ，1本のポリヌクレオチド鎖となり，これを鋳型として相補的にもう1本のポリヌクレオチド鎖を形成する．DNAの複製に対し，この1本のポリヌクレオチド鎖の塩基配列情報をRNAに転写したものを**mRNA**(messenger RNA，伝令RNA)と呼ぶ．DNAは主に核内にしかないが，RNAは核や細胞質にあり，DNAの遺伝子情報を元にタンパク質合成を行っている．転写されたmRNAの情報をリボソーム**RNA**(ribosomal RNA)上で後述の三塩基組ごとに解析し，これをアミノ酸の暗号に読み替え(翻訳)，転移**RNA**(transfer RNA)が対応するアミノ酸を運びタンパク質合成を行う．

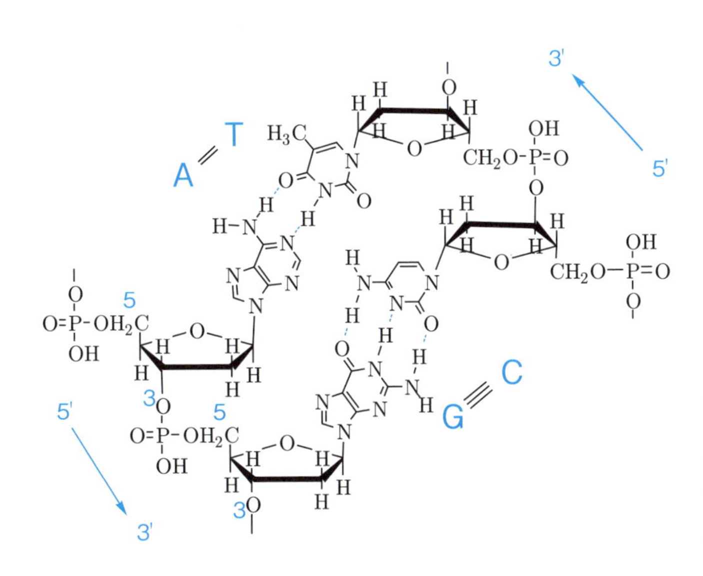

図13.4 相補的なワトソン–クリックモデル中の塩基対

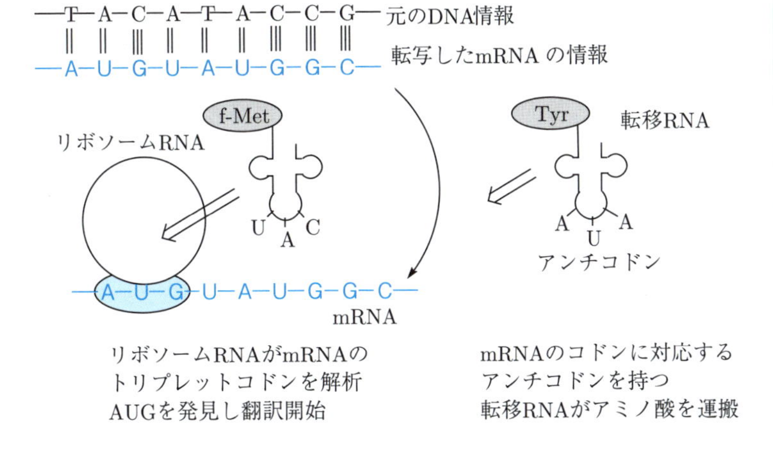

図13.5 伝令RNA，リボソームRNA，転移RNA

13.4 DNAの遺伝情報とタンパク質合成

DNAの塩基情報を元に，mRNAは相補的に対応するので，A−U, C−G, G−C, T−AのRNA塩基がそれぞれ対応する．この塩基情報は塩基三つに対し(三塩基組，トリプレットコドン)，20種類の天然アミノ酸一つが対応する．表13.1がこのmRNAに対応するアミノ酸の表である．リボソームRNA上でAUGのコドンを発見するとタンパク質の合成が開始される．三塩基組に対応するアミノ酸を転移RNAが運搬し，リボソームRNA上で暗号を翻訳しながらアミノ酸を結合させ，暗号通りのタンパク質を合成していく．mRNAに読み終わりの暗号(UAA, UAG, UGA)があると対応する転移RNAがないため，リボソームRNAからペプチド鎖が切断されタンパク質合成が終了する．

DNA→RNA→タンパク質の流れをセントラルドグマと言い，生命の根本となるものである．

13.5 核酸の化学合成と遺伝子工学

核酸は実験室で合成可能である．すなわち3位以外の活性部位に保護基を付けたヌクレオシドと，5位にリン酸が結合し，その他の部位に保護基を付けたヌクレオチドを縮合剤(DCCなど)で結合させ，カップリング後，3位の保護基のみを脱保護し，核酸を伸長していく．最終的にすべての保護基を切断し，実験室で合成したDNAが合成できる．このDNAをベクターと呼ばれる遺伝子の運び屋(プラスミドなど)中に組み込み，大腸菌中に感染させ，ベクター入りの大腸菌を大量に培養する．ベクターが入った大腸菌のみをより分け(クローニング)さらに培養すると，組み込んだDNAに期待されるタンパク質を大量合成することができる．これらの手法は遺伝子工学と呼び，現在ペプチド合成の主流となりつつある．

プラスミドにアンピシリン耐性遺伝子を導入することにより，プラスミドに感染した大腸菌のみが抗生物質アンピシリン入りの培地で増殖できる．

表13.1　mRNAの三塩基対と対応するアミノ酸

U__	UC_	UA_	UG_
UUU, UUC: Phe UUA, UUG: Leu	UCU, UCC, UCA, UCG: Ser	UAU, UAC: Tyr UAA: 読み終わり UAG: 読み終わり	UGU, UGC: Cys UGA: 読み終わり UGG: Trp
CUU, CUC, CUA, CUG: Leu	CCU, CCC, CCA, CCG: Pro	CAU, CAC: His CAA, CAG: Gln	CGU, CGC, CGA, CGG: Arg
AUU, AUC, AUA: Ile AUG: Met, 読み始め	ACU, ACC, ACA, ACG: Thr	AAU, AAC: Asn AAA, AAG: Lys	AGU, AGC: Ser AGA, AGG: Arg
GUU, GUC, GUA, GUG: Val	GCU, GCC, GCA, GCG: Ala	GAU, GAC: Asp GAA, GAG: Glu	GGU, GGC, GGA, GGG: Gly

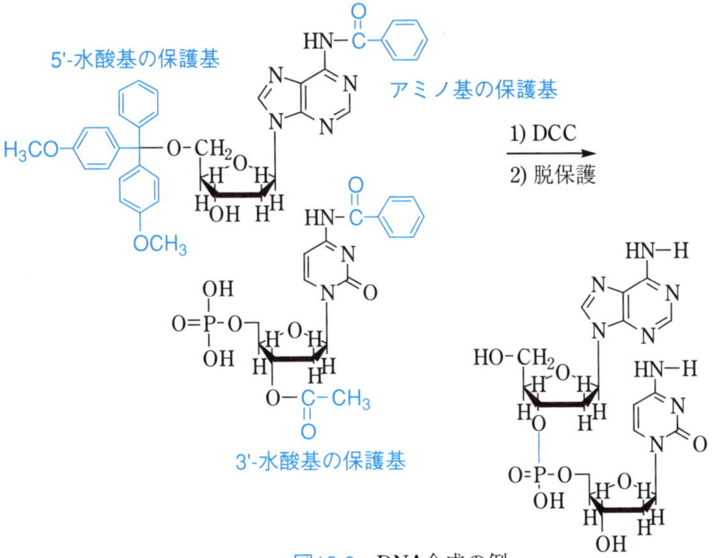

5'-水酸基の保護基

アミノ基の保護基

3'-水酸基の保護基

1) DCC

2) 脱保護

図13.6　DNA合成の例

演 習 問 題
第13章

1 次の化合物の名称を示せ.

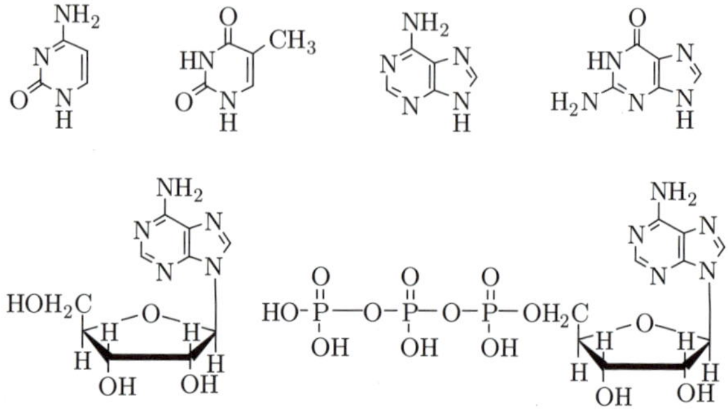

2 ワトソンクリックモデルによる AT の水素結合 2 本と, GC の水素結合 3 本の模式図を書け.

3 次の mRNA の三塩基組に対応するアミノ酸は何か.
UUU GUG UAA

材料としての有機化合物

本章の内容

14.1　フラーレン

14.1.1　フラーレンとは

フラーレンは炭素のみで形成される非常に安定な球状分子である．最も代表的なフラーレンはサッカーボール型をした C_{60} であり，それ以外にもラグビーボール型をした C_{70}，さらに大きな高次フラーレン (C_{76}, C_{80}, C_{82}) などが知られている．

14.1.2　フラーレンの合成と応用

フラーレンは1985年に単離されてから，機能性材料の合成やその応用が活発に研究されている．フラーレンは炭素のアーク放電等によりフラーレンを含むススを発生させ，これを単離精製して得ることができる．またフラーレンは巨大な球状のπ電子化合物であり，この誘導体が電子のアクセプターとして後述のp-n接合型有機薄膜太陽電池などに用いられる．また，γ-シクロデキストリンが C_{60} を包摂することにより，新たな超分子ゲストとしての機能も期待されている．これら新規な物質は新たな機能性分子として期待されている．フラーレンは巨大なπ電子雲を持つ芳香族として振る舞い，各種求電子試薬と反応する．フラーレンからPCBMなどさまざまな誘導体が合成され，代表的なn型有機半導体として用いられる．n型有機半導体とp型有機半導体と接合することにより有機薄膜太陽電池 (14.3節) が製造できる．

シリコン型太陽電池ではシリコンに不純物を加えp型・n型にシリコンをドープするが，有機薄膜太陽電池ではn型・p型の性質を持つ有機分子やポリマーを利用する．

● フラーレン ●●●●●●●●●●●●●●●●●●●●●

フラーレンは有機溶媒には溶けにくいが，置換基を付けて有機溶媒や水に溶かす研究も行われている．フラーレンに親水性基を結合させた水溶性フラーレンも合成されており，一部活性酸素を除去する化粧品などにも使われている．

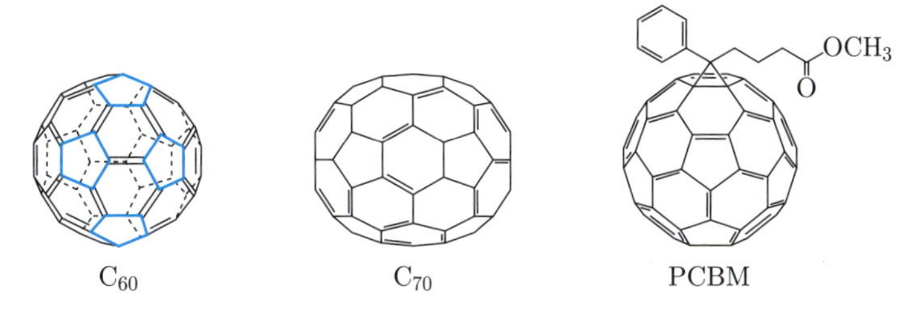

図14.1　サッカーボール型分子C_{60}フラーレン，C_{70}とPCBM
C_{60}フラーレンは五員環のまわりにベンゼン型六員環が5個配置している．

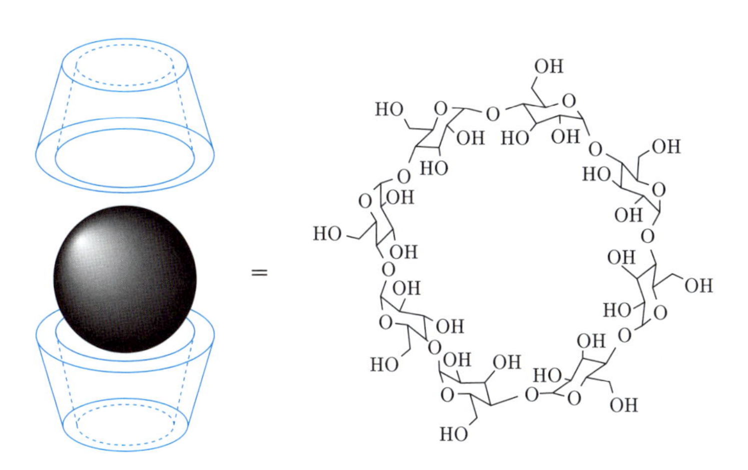

図14.2　γ-シクロデキストリンの空孔はC_{60}の直径に等しく，バケツ型をした2つのCDでちょうどフラーレンを包摂し，生成した錯体は水溶性になる．

14.2 カーボンナノチューブ

14.2.1 カーボンナノチューブとは

C_{60} は炭素だけでできた球状分子であるが，カーボンナノチューブは円筒状分子である．

カーボンナノチューブはフラーレン合成の複生成物として日本で発見された．カーボンナノチューブ (CNT) は炭素のみでできた棒状の巨大分子である．CNT には単層のものや多層のものが知られている．炭素の同素体には sp^3 状に立体化した非常に硬く安定なダイヤモンド，sp^2 平面上に広がった黒鉛 (グラファイト) がある．平面状の黒鉛に五員環配置し球状にしたものがフラーレンで，筒状にしたものがカーボンナノチューブであり，これらを第3の炭素の同素体と呼んでいる．高い引っ張り強度，高い導電性，熱伝導性に優れているためさまざまな用途への応用が期待されている．また平面状のシートの連続体である黒鉛を1枚のみシート状に取り出したものをグラフェンと呼び，平面状の巨大芳香族として注目されている．

14.2.2 カーボンナノチューブの応用

カーボンナノチューブは平面の黒鉛が筒状に巻いた構造を取っており，基本的には棒の長軸方向に導電性がある．また，熱伝導性に優れ，高温にも耐え，引っ張り強度も極めて大きいことから，これらの性質を生かしたさまざまな研究がされている．

● **SPMの探針** SPM (走査型プローブ顕微鏡) は表面顕微鏡観察において最も重要な測定手法の一つである．その先端には探針と呼ばれるナノサイズの棒が必要である．この棒の一つとしてカーボンナノチューブが使われている．

● カーボンナノチューブ ●●●●●●●●●●●●●●

カーボンナノチューブは高温に耐え熱伝導性が高い．このことからCPUの放熱材料として，導電性によりCPUの微細配線に利用され，引っ張り強度の強さを利用した宇宙への軌道エレベーターの材料への検討もされている．

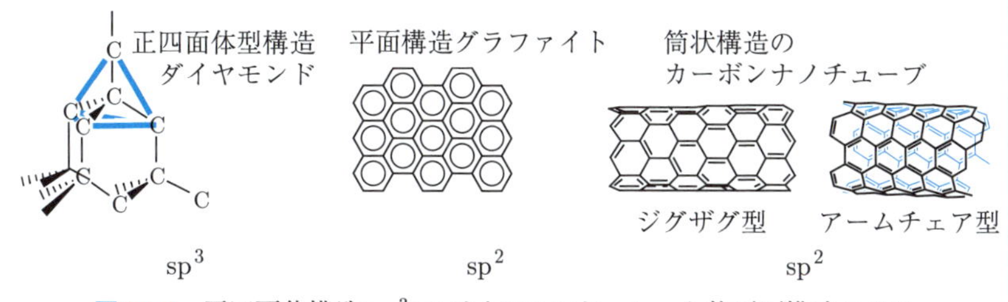

図14.3　正四面体構造(sp^3)のダイヤモンド，シート状平面構造のグラフェン(sp^2)並びにこのシートが重なり合ったグラファイト．さらにこのグラフェンの両端が結合し棒状になったカーボンナノチューブ(sp^2)がそれぞれ炭素の同素体である．カーボンナノチューブも平面が筒状になる過程で結合様式により半導体や良導体になるのが特徴である．

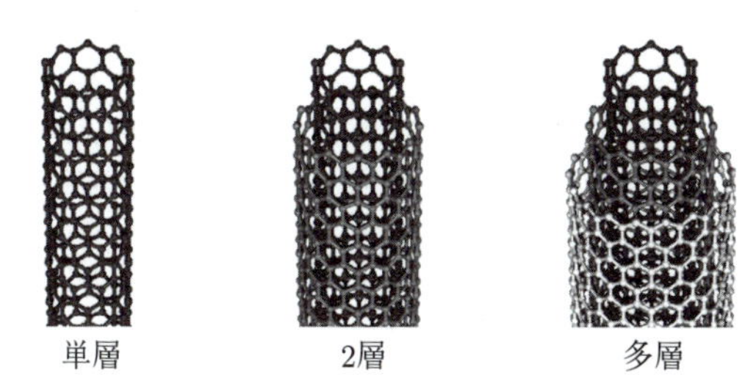

図14.4　単層カーボンナノチューブと2層および多層ナノチューブの概念図 (藤ヶ谷剛彦教授 (九州大学) より許可を得て掲載)

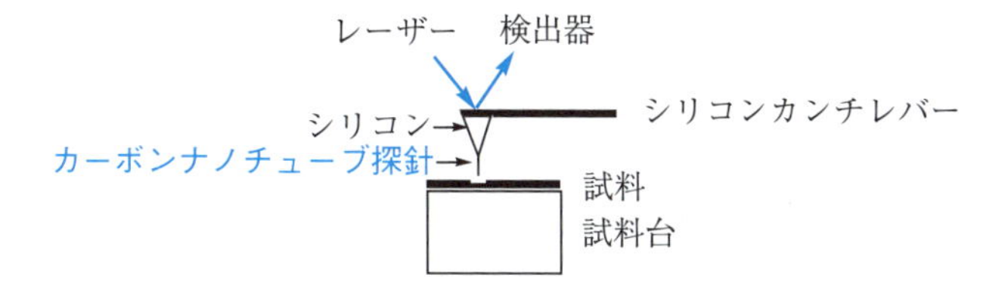

図14.5　SPMの概念図
試料台上の試料の凹凸を測定する．シリコンの先端にカーボンナノチューブを結合させ，試料に合わせて上下するカンチレバーを光学的に読み取り表面の凹凸の状態を測定する．

14.3　その他の材料

●色素材料

コンピュータ周辺機器は化学の発展により高速化，高性能化していると言っても過言ではない．モニターやスマートフォンなどの表示部として液晶が主流だが，その後エレクトロルミネッセンス (EL) と呼ばれる自己発光型のデバイスが増えてきており，その発光色素として有機色素や共役ポリマーが用いられている．これらは次世代の表示デバイスとして注目されている．

また，記憶素子として従来はフロッピーディスクなど磁性体が用いられてきたが，近年，DVD-R や Blu-Ray など有機色素を用いた光記憶媒体が増えてきた．このように有機色素材料は，今後記憶素子の高密度化や高速化の過程で重要になっていくことが期待される．

●太陽電池

これまで，太陽電池と言えばシリコンを用いた無機半導体太陽電池が主流であった．近年，有機薄膜太陽電池や色素増感太陽電池が注目されてきている．さらにペロブスカイト型太陽電池の研究もされ始めた．次世代型太陽電池として安価で軽量，大量生産が可能な太陽電池の開発が急務である．色素増感太陽電池は二酸化チタン薄膜上に金属錯体または有機色素を結合させ，電解質をはさみこみ封止した構造をとっている．励起した色素から二酸化チタン薄膜へ電子を移動させ発電する仕組みである．有機薄膜太陽電池は p 型並びに n 型の有機半導体を薄膜上に積層させ作成した太陽電池である．薄膜であるため薄く，携帯が可能で安価な原料で大量生産に向く太陽電池として研究が進んでいる．ペロブスカイト型太陽電池はメチルアミンや鉛などをペロブスカイト型結晶を有機薄膜の p 型と n 型半導体の間に挟みこんだ薄膜型の太陽電池である．

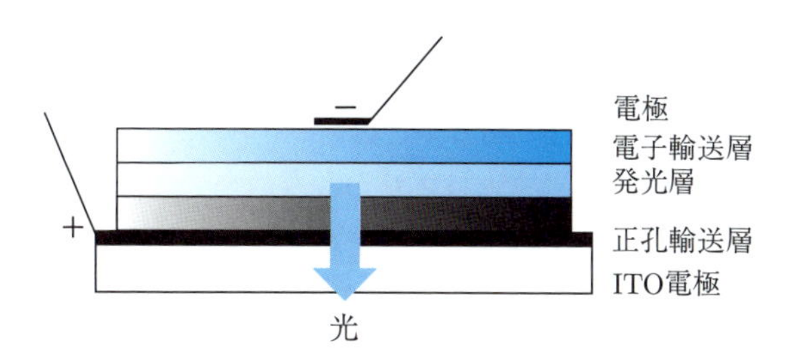

図14.6　有機ELの概念図
正極から正孔が，負極から電子が注入され発光層で両者が出会い，発光する．

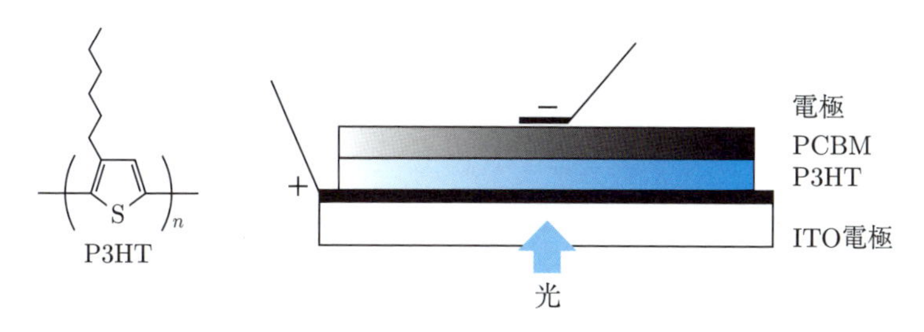

図14.7　有機薄膜太陽電池の概念図
光は透明ガラス電極であるITO側から入射し，p型半導体であるP3HTとn型半導体であるPCBMの界面で電子と正孔が生じる．電子はn型のPCBM側に，正孔はp型半導体であるPCBM側に移動する．ペロブスカイト型太陽電池では，ペロブスカイト層をp型とn型の半導体の間に挟む．

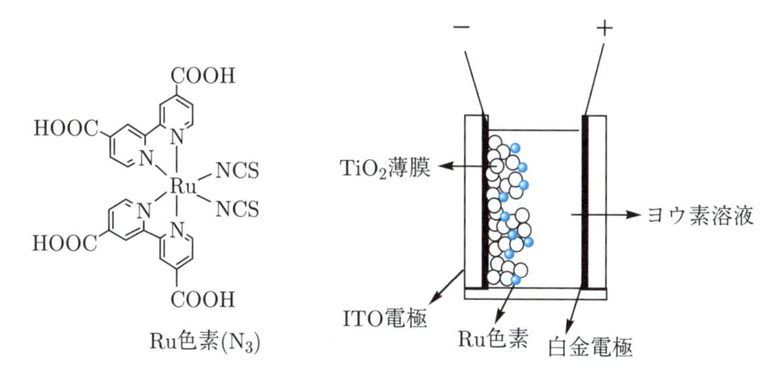

図14.8　色素増感太陽電池の概念図
光はRu色素に当たり，生じた電子がTiO_2薄膜を通り対極へ移動し，ヨウ素溶液中を通過して色素に戻る．

14.4　高分子

14.4.1　高分子とは

高分子とは主鎖が共有結合で結合した概ね分子量1万以上の高分子物質を指す．高分子と呼ばれるものには無機の高分子もあるが，ほとんどは有機高分子であり，一般に低分子量の一単位 (モノマー) が重合した重合体 (ポリマー) が高分子と呼ばれる物質である．我々の衣食住を見るかぎり，衣服は絹，毛，綿または合成繊維など繊維状のポリマーであり，食料のうち主食は単糖のポリマーのデンプンであり，タンパク質も天然アミノ酸のポリマーである．住居は金属を除けば木材など天然のセルロースか合成のプラスチックと呼ばれるポリマーであり，我々を取り囲む物質には極めて高分子物質が多い．

14.4.2　高分子の分類

回収可能なプラスチックスは分類のための数字がついており，種別ごとに分類し再使用が可能である．

天然の高分子は随所で触れてきたので，ここでは合成高分子についてとり上げる．近年用いられている合成高分子には使われている原料により，ポリ塩化ビニル，ポリスチレン，ポリプロピレン，ポリエステル，ナイロン，尿素・フェノール樹脂などの名称がある．また同一のポリエチレンでも密度により低密度と高密度に分けられる．また，樹脂の性質の分類として，熱可塑性樹脂と熱硬化性樹脂と呼ばれているものがある．熱可塑性樹脂と呼ばれているものは加熱により分解しにくく塑性 (軟化する) を示すため，原料をペレットにしておき，金型に溶かし入れた (射出成形) 後，冷却することにより成型品を得られる．熱硬化性樹脂と呼ばれているものには加熱により分子間に三次元構造を形成し，網目状構造となり硬くなる．これを利用し，繊維状の物質 (ガラス繊維，炭素繊維) を固める接着剤としても使え，複合材料として利用できる．

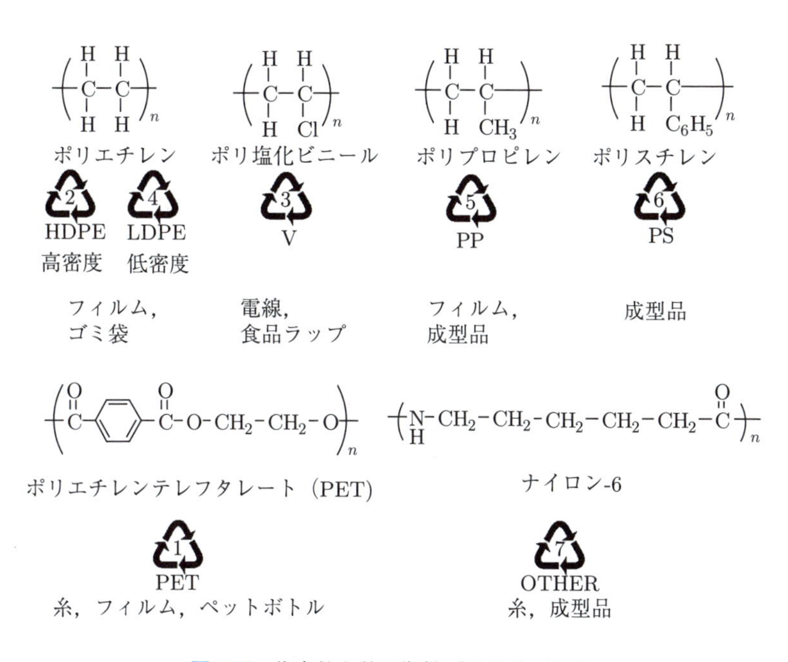

図14.9　代表的な熱可塑性プラスチックス

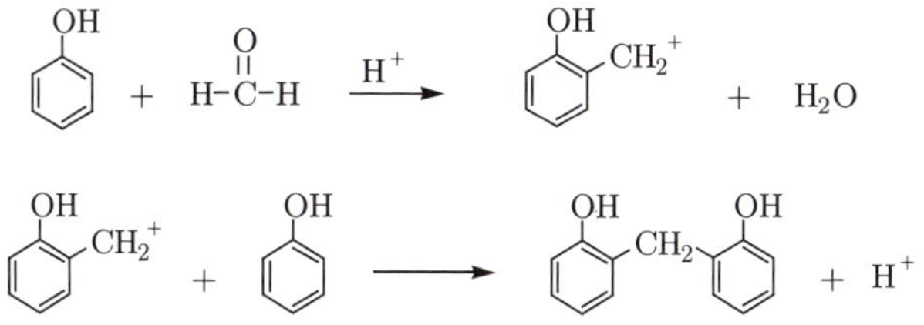

OH + H–C(=O)–H $\xrightarrow{H^+}$ OH, CH_2^+ + H_2O

OH, CH_2^+ + OH ⟶ OH, CH_2, OH + H^+

図14.10　フェノール樹脂の熱的硬化の概略図

14.4.3 高分子の合成

合成高分子は単量体を化学的に重合させた高分子である．そのうちアルケン類は一般的に連鎖反応により反応する．その成長活性種に応じてラジカル重合，アニオン重合，カチオン重合がある．最も代表的なラジカル重合ではラジカル発生種として開始剤 (AIBN など) を添加して加熱し，ラジカルを発生させ，このラジカルが開始剤として反応が成長する．最終的にラジカル同士が結合し重合が終了する．

ポリエステルである **PET** やポリアミドであるナイロンは縮合重合反応で成長させる．

14.4.4 高分子のリサイクル

現在，使用済みプラスチックスの一部は回収され再資源化されている．このリサイクルには大きく分けてマテリアルリサイクル，ケミカルリサイクル，サーマルリサイクルの 3 種類がある．マテリアルリサイクルではプラスチックスをグレードの低いプラスチックス (カスケードリサイクル) としてそのまま再成型するほか，他のプラスチックスと複合・混合利用する方法がある．ケミカルリサイクルとして熱分解によりモノマーを取り出すか，油化，ガス化させ，他の化学原料にする方法，また製鉄におけるコークスの代替原料に使う方法がある．サーマルリサイクルとして，紙や木くずと固化し **RDF** (Refuse derived Fuel) 燃料として使う方法がある．

14.4.5 高分子の反応

高分子は低分子同様化学反応を起こす．高分子でしか起こりえない反応もあり材料合成上有用なものもある．ポリスチレンではクロロメチル化やスルホン化が知られており，クロロメチルポリスチレンは固相合成 (10.2 節) の樹脂として用いられるほか，スルホニル基を有するポリスチレンはイオン交換樹脂として用いられる．

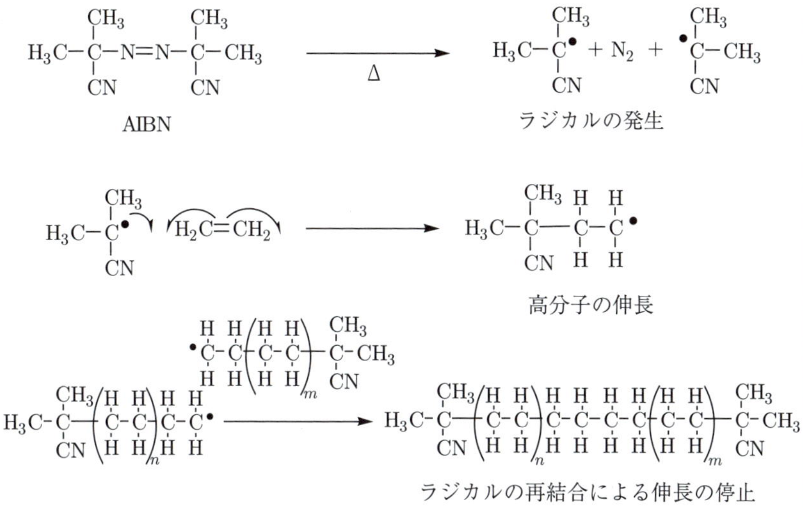

CH_3　CH_3
$H_3C-C-N=N-C-CH_3$
CN　CN

AIBN

Δ

CH_3　CH_3
$H_3C-C^{\bullet} + N_2 + {}^{\bullet}C-CH_3$
CN　CN

ラジカルの発生

CH_3
$H_3C-C^{\bullet}$　$H_2C=CH_2$
CN

CH_3 H H
$H_3C-C-C-C^{\bullet}$
CN H H

高分子の伸長

H H (H H) CH_3
$^{\bullet}C-C-(C-C)_m-C-CH_3$
H H (H H) CN

CH_3 (H H) H H
$H_3C-C-(C-C)_n-C-C^{\bullet}$
CN (H H) H H

CH_3 (H H) H H H H (H H) CH_3
$H_3C-C-(C-C)_n-C-C-C-C-(C-C)_m-C-CH_3$
CN (H H) H H H H (H H) CN

ラジカルの再結合による伸長の停止

図14.11　ラジカルの発生，高分子の伸長，ラジカル再結合

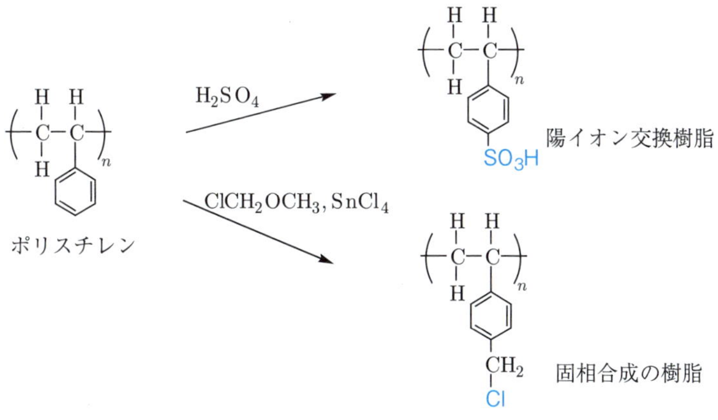

H H
$-(C-C)_n-$
H

ポリスチレン

H_2SO_4

H H
$-(C-C)_n-$
H

SO_3H

陽イオン交換樹脂

$ClCH_2OCH_3, SnCl_4$

H H
$-(C-C)_n-$
H

CH_2
Cl

固相合成の樹脂

図14.12　ポリスチレンの反応

14.4.6 さまざまな高分子

高分子にはさまざまな物性がある．また新たにその物性を高分子内に組み込むことも可能である．

EL では電気エネルギーを直接光エネルギーに変換する．発熱も小さく消費電力も少ない．

●エレクトロルミネッセンス (EL)

有機高分子は絶縁性を持つことが知られているが，ポリピロールやポリチオフェン，ポリアニリン類は導電性高分子として知られている．さらにさまざまな電気発光材料が合成され，通電により発光することから，EL 材料として注目を集めている．低分子並びに高分子の発光材料の色素を発光層に配置して電子輸送層と正孔輸送層で挟んだ EL 素子 (OLED) は液晶に代わる次世代のディスプレイとして期待されている．

●分離機能材料

ポリスチレン骨格を修飾し，スルホン酸や第四級アンモニウム塩を導入するとそれぞれ陽イオン及び陰イオン交換樹脂となる．純水製造の過程では水中に溶け込んだイオンをこれらイオン交換樹脂により除去している．化学や半導体産業に必須の脱塩・純水製造過程にはイオン交換樹脂は無くてはならない高分子である．

ポリスチレン誘導体 (スチレン-ジビニルベンゼン共重合体など) は一定のサイズの空孔を持っており，高速液体クロマトグラフィー (15.1 節) のゲル濾過型カラム充填剤に用いられる．このカラムは分子量により分離できるため，分子ふるいとして利用できる．

●医療用高分子材料

ポリウレタンやシリコンゴム，テフロン，PET などの高分子は外科用高分子として人工血管やコンタクトレンズ等に用いられる．ポリグリコール酸や乳酸の共重合体は生分解性があり，生体内で溶ける外科手術用縫合糸として使われている．

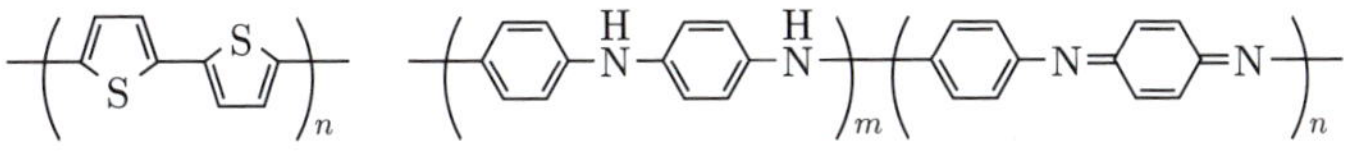

S　S　n　H N　H N　m　N　N　n

ポリチオフェン　　ポリアニリン

図14.13　ポリチオフェンとポリアニリン

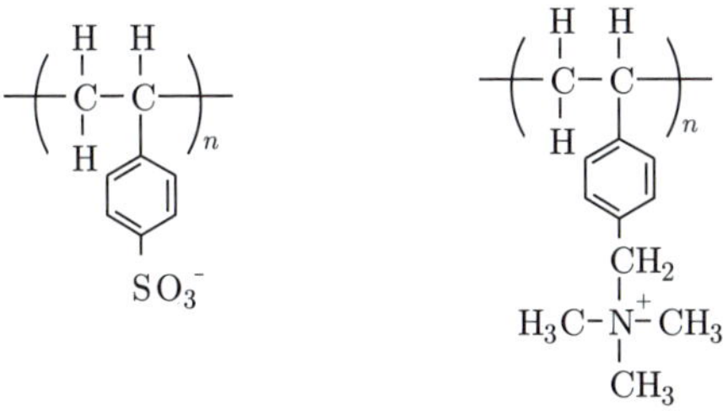

H H C C H n SO_3^-　　H H C C H n CH_2 $H_3C-N^+-CH_3$ CH_3

陽イオン交換樹脂　　陰イオン交換樹脂

図14.14　スルフォン酸を有する陽イオン交換樹脂（左）と第四級アンモニウム塩を有する陰イオン交換樹脂（右）

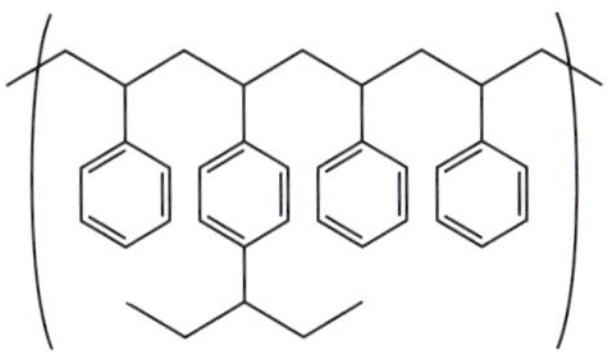

図14.15　ポリビニレン-スチレン系共重合高分子の例
適切な孔を作り，分子ふるい型カラムに用いる．またこの芳香族にスルフォン酸基等を結合させイオン交換樹脂とする．

演　習　問　題
第 14 章

1　次の化合物の名称を示せ.

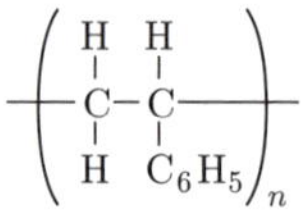

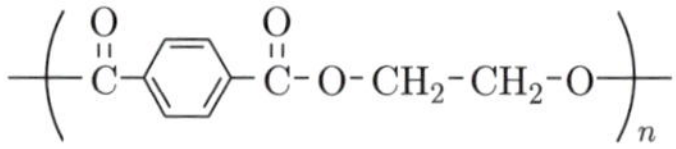

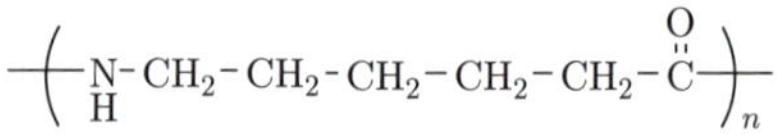

$$\left(\begin{array}{cc} H & H \\ | & | \\ -C- & C- \\ | & | \\ H & C_6H_5 \end{array} \right)_n$$

$$\left(\overset{O}{\overset{\|}{C}}-C_6H_4-\overset{O}{\overset{\|}{C}}-O-CH_2-CH_2-O \right)_n$$

$$\left(\underset{H}{N}-CH_2-CH_2-CH_2-CH_2-CH_2-\overset{O}{\overset{\|}{C}} \right)_n$$

2　ヘキサメチレンジアミンの水溶液とアジピン酸ジクロリドの有機溶媒溶液の 2 層の界面からナイロン-66 を糸状に得ることができる．ナイロン-66 の構造式を推測せよ.

$$H_2N-CH_2-CH_2-CH_2-CH_2-CH_2-CH_2-NH_2$$

ヘキサメチレンジアミン

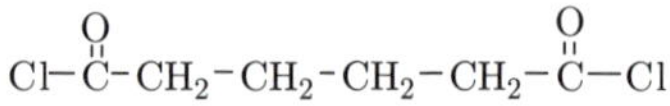

$$Cl-\overset{O}{\overset{\|}{C}}-CH_2-CH_2-CH_2-CH_2-\overset{O}{\overset{\|}{C}}-Cl$$

アジピン酸ジクロリド

3　熱可塑性樹脂と熱硬化性樹脂の違いは何か.

第15章

有機化合物の測定技術

本章の内容

15.1 IR

15.1.1 IRとは

IRを用いると官能基が容易にわかる．官能基変換させる反応の場合，生成物の確認をしやすい．

IR (赤外線吸収スペクトル) は比較的歴史のある測定手法で，現在でも有機化合物の構造解析の主要なものの一つになっている． これまで有機化合物には官能基と呼ばれる特徴的な置換基があることを述べてきた．これらの官能基ごとに原子-原子間の共有結合の強さに違いがある．原子は静止しているのではなく常に熱振動をしており，有機化合物に赤外線を照射した場合，その結合の伸縮振動や変角振動に応じて赤外線が吸収される．この吸収を波数 (単位は cm^{-1}，カイザー) で表し，一般に $4000\,cm^{-1}$ から $400\,cm^{-1}$ をIR測定の範囲として用いる．気体，液体，固体にかかわらず測定可能で，液体の場合，食塩板にそのまま塗り付けることもでき，測定は簡便である．固体の場合粉砕しKBrと共にプレスしペレットを形成して測定するか，溶媒に溶かして測定する．

15.1.2 官能基の特性吸収

有機化合物のほとんどの分子にはC−H結合がある．C−Hの共有結合は $2900\,cm^{-1}$ 付近の赤外線を吸収し伸縮振動のエネルギーに変える．芳香族の炭素に結合したC−H結合のピークは $3050\,cm^{-1}$ 程度までシフトするため，ピークの先端が $3000\,cm^{-1}$ を超えると芳香族やオレフィンの存在を予想することができる．このように同一の共有結合であっても周囲の官能基によってピーク位置は変化する．またC−Hの変角振動は $1470\,cm^{-1}$ と $1380\,cm^{-1}$ にあらわれる．またC−Cの伸縮振動は $1200\,cm^{-1}$～$800\,cm^{-1}$ に，C−Cの変角振動は $500\,cm^{-1}$ 以下のため他のピークと重なり，すべてのピークが構造決定に有効であるとは限らない．そこで一般的に官能基の特性吸収帯のみに注目するのが一般的である．代表例を次に挙げる．

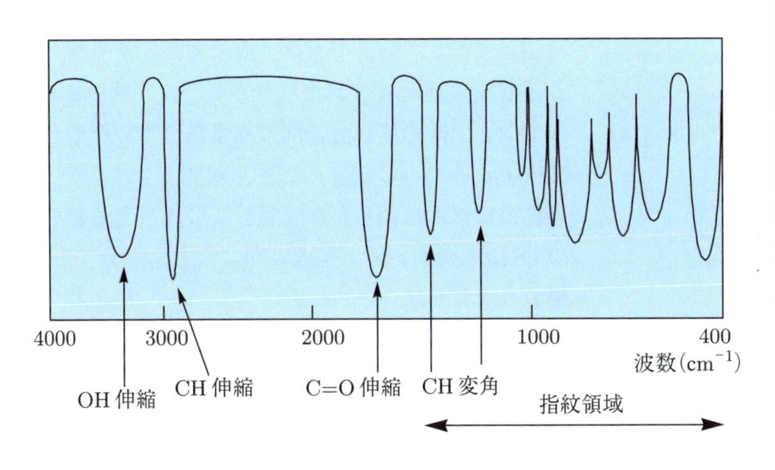

図15.1　典型的なIRチャートの模式図

表15.1　特性吸収帯（CH）

官能基	波数(cm^{-1})	帰　属	強　度
C-C-H	2900	C-H 伸縮振動	強
H H C	(～3050)	芳香族や二重結合に結合したC-H	弱
C-H 伸縮振動	1470	C-H 変角振動	中
H H C	1380	C-H 変角振動	中
C-H 変角振動	1200～800	C-C 伸縮振動	中
	500～	C-C 変角振動	チャートには現れない

アルコールの水酸基やアミンの NH は CH より高波数の $3300\,cm^{-1}$.

● OH, NH

OH, NH の特性吸収帯は $3300\,cm^{-1}$ であり，かなり強いピークが観測できる．溶液で測定するなど希薄な条件では $3500\,cm^{-1}$ 付近に鋭いピークが観測される．濃厚な条件では OH は分子間で水素結合するため会合した $3300\,cm^{-1}$ のみの OH のピークが観測されるが，希薄な条件では水素結合しない遊離した OH もあるため，遊離の OH が $3500\,cm^{-1}$ 付近に独立して測定できる．

$1700\,cm^{-1}$ 付近に大きなピークがあればまずカルボニル基と考えよう．

●カルボニル基

カルボニル基の特性吸収帯は $1700\,cm^{-1}$ 付近である．C=O 二重結合の伸縮振動は $1700\,cm^{-1}$ 付近であるがエステルになると $1735\,cm^{-1}$ に，アミドになると $1650\,cm^{-1}$ 付近となる．ケトンは $1715\,cm^{-1}$ であり，これらのシフトはカルボニルに結合するヘテロ原子の置換基の影響である．またカルボニル基に芳香族が結合すると，芳香族とカルボニル基の共役により $30\,cm^{-1}$ 程度低波数シフトする．また環状のカルボニル基の場合，環のひずみ効果により高波数にずれる．

●その他の官能基

IR に関しては機器分析の本がすでに多く出版されているので割愛するが，官能基には上記特性吸収帯として知られているもの以外にも，伸縮振動，変角振動や結合の倍音などもあり，実際はかなり複雑である．一つのピークにとらわれることなく，特定の官能基に対応するすべてのピークを見落とさず調べることが重要である．

●指紋領域

$1500\sim400\,cm^{-1}$ を指紋領域と呼ぶ．$1500\,cm^{-1}$ 以下には特性吸収帯はあまりなく，多くのピークが重なり合って出てくるため官能基の特定には向かない．既知物質 (すでに構造が明らかになっている物質) と未知物質の比較の場合指紋領域を用いる．既知物質と未知物質が同一物質であるなら指紋同様，指紋領域のピークは一致する．

表15.2 特性吸収帯（抜粋 OH，NH，C=O）

官能基	波数(cm^{-1})	帰属	強度
O-H	3300	O-H 伸縮振動（水素結合したOH）	強（幅広い）
	3500	O-H 伸縮振動（遊離のOH）	弱
	1100	C-O 伸縮振動 1級は1050 2級は1100 3級は1150	中
N-H	3300	N-H 伸縮振動（水素結合したNH）	強（幅広い）
	3500	N-H伸縮振動（遊離のNH）	弱
C=O	1715	C=O 伸縮振動（ケトン）	強
	1730	C=O 伸縮振動（アルデヒド）	強
	1735	C=O 伸縮振動（エステル）	強
	1650	C=O 伸縮振動（アミド）	強

ただし，カルボニルが二重結合または芳香族と共役した場合約−30 cm^{-1}，カルボニル炭素が環に含まれた場合，環に歪みがかかると高波数へシフト

15.1.3　UV

UV 測定はすべてのサンプルに吸収が見られるとは限らない．共役が長いもののみ UV 分光光度計で観測できる．

一般に UV (紫外線吸収スペクトル) は 200〜380 nm の光の吸収を UV–Vis (紫外可視吸収スペクトル) は 200〜780 nm の波長の吸収を測定する手法である．この領域の波長の吸収は電子スペクトルと呼ばれ，光エネルギーを吸収し分子の基底状態から励起状態への励起に使われるために起こる吸収である．式 **15.1** に示すように吸収する光の波長が短いほど高エネルギーである．共有結合のうち σ 結合は強固な結合であるため反結合性軌道である σ^* に励起させるには非常に波長の短い (約 135 nm) 光が必要となる．200 nm 以上の波長で測定に実用となるのは共役ジエンやエノン，芳香族，またはそれ以上に共役した二重結合の $\pi \rightarrow \pi^*$ 遷移や $n \rightarrow \pi^*$ 遷移に限られる．濃度が高いと吸光度は増えるため，一般に式 **15.2** のランベルト-ベール (Lambert-Beer) の式で示すような手法で物質そのものの吸光度 (モル吸光係数) を算出する．UV は定量がしやすいので HPLC の検出器に用いられることが多い．

15.1.4　クロマトグラフィー

元々のクロマトグラフィーとは色素がろ紙上で分離されその色のスポットのことを指していた．

多成分の混合物をシリカゲルなどの物質を用い，吸着や分配などの現象を利用し，分離分析を行う手法をクロマトグラフィーという．IR や NMR 測定のためには試料の精製や，純品であるかの分析をする必要がある．分析にはガスクロマトグラフィーや高速液体クロマトグラフィーなどの測定機器が代表的である．

●ガスクロマトグラフィー (GC)

ガラスやステンレスの管に各種の充填剤を詰め，そのカラムに不活性ガスを流し，試料を加熱によりガス化して打ち込み，カラムで分離後検出器により検出する．

●高速液体クロマトグラフィー (HPLC)

HPLC では試料を溶液に溶かし，溶媒を高圧で流しカラムで分離する．検出器は一般に UV を用いる．室温で分析できるので GC に比べ不安定物質の分析に向く．

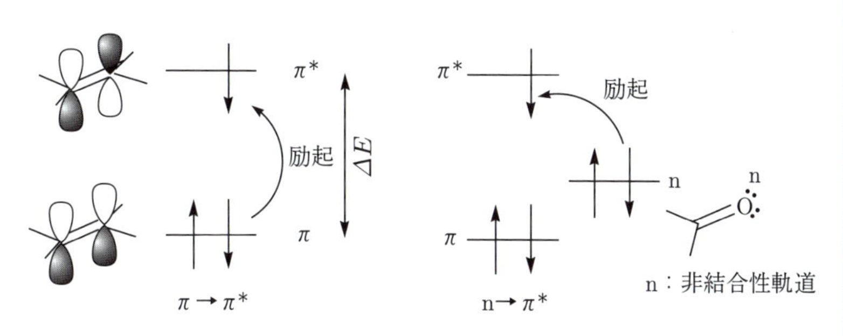

図15.2　エチレンのπ→π*遷移とケトンのn→π*遷移

$$E = h\nu = hc/\lambda$$

E：励起エネルギー(J)　h：プランク定数

ν：振動数(Hz)　c：光速度(30万 km/s)

λ：波長(m)

式15.1　エネルギー差と吸収波長

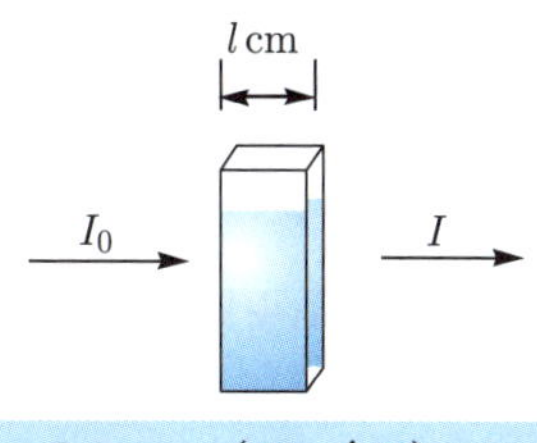

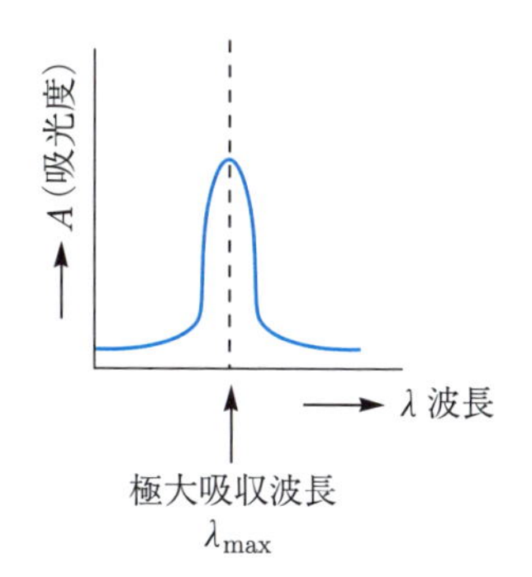

$$A = \log_{10}(I_0/I) = \varepsilon cl$$

A：吸光度

ε：モル吸光係数（物質の固有値）

C：濃度（mol/l）

l：（セル長をcmで表す，通常は1 cm）

式15.2　ランベルト-ベールの式

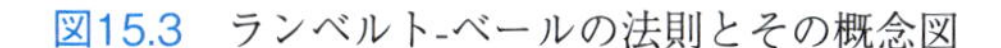

図15.3　ランベルト-ベールの法則とその概念図

15.2 NMR

15.2.1 NMRとは

NMRですべての核種を測定するのは不可能．しかし，^{1}H-NMRと^{13}C-NMRがあれば，ほとんどの有機化合物の構造を推察できる．

NMRとは有機物を構成する分子中の原子核の情報を得ることにより，水素や炭素およびその他の原子の環境を調べ，その分子を同定する方法である．測定する核種としては^{1}Hや^{13}Cが一般的であるが，^{19}Fや^{31}P，^{14}Nなど多核の測定も可能である．現在，有機化合物の測定データの中で最も重要な情報を提供する．

15.2.2 ^{1}H-NMR (核磁気共鳴 Nuclear Magnetic Resonance)

^{1}H-NMRはその中でも最も重要な測定データである．有機物質を重水素化溶媒 ($CDCl_3$やD_2Oなど) に溶かし，サンプルチューブに入れ，測定器にセットする．測定器には強力な磁石 (多くの機械は超電導磁石で磁場は数～数十テスラ) が備え付けられ，外部からラジオ波 (数百 MHz) をサンプルに向けて照射し，その共鳴吸収を測定する．水素核は核磁気共鳴により核スピンの状態が変化するため電磁波を吸収するが，共鳴する磁場は水素核のまわりを回っている電子の影響を受けるため，それぞれの異なった位置となる．この共鳴するピークの位置を化学シフトと呼び，水素核の周辺の電子密度が高いと右 (高磁場側) へ電子が少ないと左 (低磁場側) へ移動する．一般に測定溶液中にTMS (テトラメチルシラン) を微量入れておきTMSのケミカルシフトを0とする．芳香族の影響などπ電子の影響 (常磁性遮へい) を受けることもあり，π電子雲との相対的な位置関係を見積もることにも用いられる．

NMRで大切なのは化学シフトとカップリングと積分値．これはNMRの三大要素と呼ばれる．

ある隣り合った炭素-炭素に結合している水素どうしは一般にカップリングと呼ばれるピークの分裂が観測される．この分裂はカップリングの対象となる水素数+1であり，これより隣の炭素に結合する水素数がわかる．

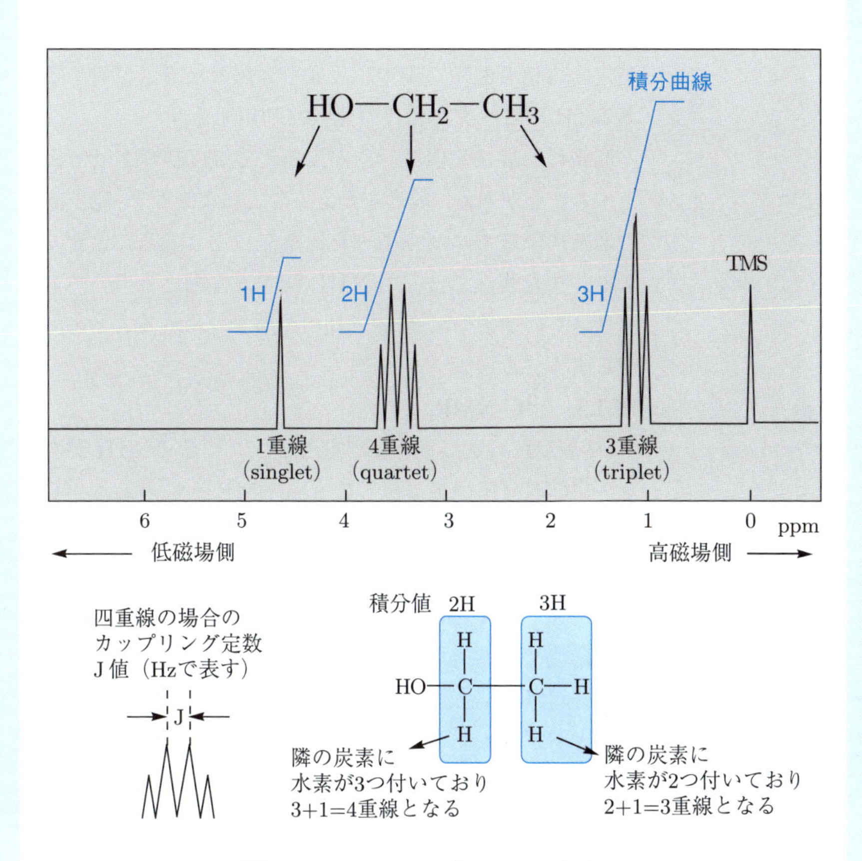

図15.4　エタノールの^{1}H-NMRの概念図

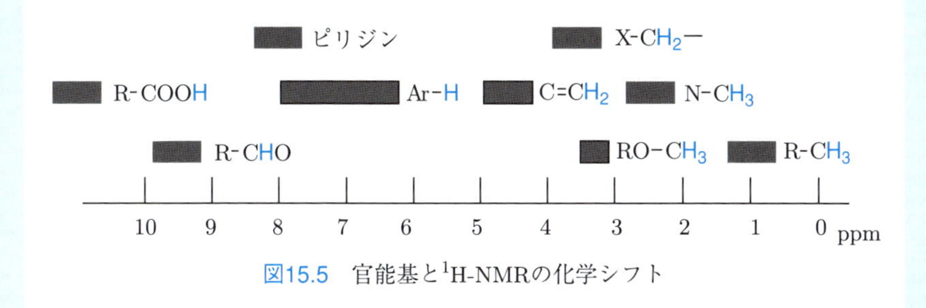

図15.5　官能基と^{1}H-NMRの化学シフト

カップリングなどの分裂様式にかかわらず，あるピークの面積はその水素の数に比例する．一般に ^{1}H-NMR の測定では積分曲線を測定し，分子全体の水素数に対するある ^{1}H のピーク面積比の比較に利用する．

測定は一般に室温で行うが，あえて温度変化させて測定することがある．温度を変えることにより原子–原子間の回転の障壁のエネルギーを見積もったりすることができる．また現在二次元の NMR 測定が主力となり，カップリングの様子や水素–水素間の距離を見積もることもできるようになった．

15.2.3 ^{13}C-NMR

^{1}H-NMR の次に重要な測定法として ^{13}C-NMR がある．^{13}C-NMR は炭素原子のうち NMR 活性のある ^{13}C 核種 (全体の約 1/100 しか存在しない) のみを測定するため，一般に測定時間がかかるのが難点である．原理は基本的に ^{1}H-NMR と同じであるが，核種が異なるため同一磁場でも共鳴周波数が異なる．

^{13}C-NMR は炭素の情報を観測．非対称になっている炭素数が簡単にわかる．

^{13}C-NMR で重要なのは化学シフトである．ピークの本数と分子式から予想される炭素数から分子の対称性もわかり，特徴的な官能基を見いだすことができる．^{13}C-NMR は生のデータでは ^{1}H との大きなカップリングが観測され，チャートが複雑になるためプロトンノイズデカップリングと言う手法で水素とのカップリングを消すのが一般的である．また，水素と結合するか否かによりピーク高さそのものが変化する (核オーバーハウザー効果) ため，^{13}C-NMR の場合，積分曲線はあまり意味がない．炭素に結合している水素数はカップリング以外の手法で調べることが多い．現在二次元 NMR が普及し，^{1}H-NMR と ^{13}C-NMR を組みあわせたものを利用し，より複雑なピークも明らかにしやすくなってきている．また HPLC と組みあわせた LC-NMR も出現し，分離分析したものを直接測ることも可能となった．

水素同士の相関をみる ^{1}H-^{1}H **COSY** や水素炭素の相関をみる **HMQC** などがある．

表15.3　水素水素間の相対関係とカップリング定数

	J (Hz)
自由回転	7
回転が制限された*gem*位	12～20
アリルカップリング	1

	J (Hz)
シス	10
トランス	17
C=C(H)H	0～2

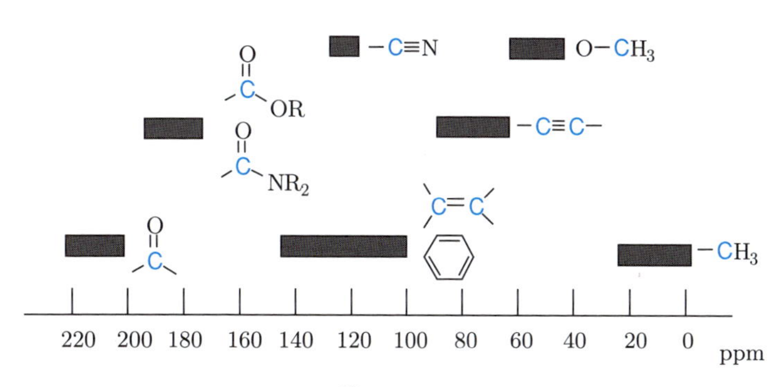

図15.6　官能基と^{13}C-NMRの化学シフト

15.2.4 MSとは

分子量測定ならMSが一番主力となる．分子式も測定できる．

MS (質量分析法) は試料に電子線など高エネルギー源を照射してイオン化し，電磁場を用い加速・分離しこの分子イオンの質量を測定する手法である．物質の分子イオン (親ピーク) 以外に分子が分解したフラグメントイオン (フラグメントピーク) が観察され，その分離様式から分子量だけでなく，構造式を推察する手がかりとなる．

他に溶液と噴霧化させるエレクトロンスプレーイオン化 (ESI 法) なども使われている．

サンプルを高真空化に置いて，気化した分子に電子流を当ててイオン化 (EI 法) する．サンプルに高速中性原子を照射しイオン化 (FAB 法) させたり，マトリックスに混合しレーザーを照射しイオン化 (MALDI 法) する方法もあり，イオン化の方法も多様化してきた．イオン化した分子イオンは電場の中で加速され，磁場の中で曲げられ，検出器に向かって飛行する．この飛行の測定にも四重極型や二重収束型，飛行時間型 (TOF) など多くある．測定感度も上昇し，分子イオンピークの小数点以下4桁の分子量 (FM) が得られるようになり，MSだけで分子式がわかるようになってきた．また，フラグメントピークを調べることにより，切断された分子の断片から官能基を予想することも可能である．また，MSはGCの検出器としても使われ始めており，GC-MSを用いると混合物のまま分子量が測定できる．現在既知物質のMSのデータベースが作られており，環境分析などで混合物のままでも微量の農薬やダイオキシンなどの汚染物質の分析が可能となってきている．

15.2.5 未知物質の同定

有機合成において構造解析は必須なものである．合成したものを単離・精製・分析し，各種分析機器により構造を解析し測定値から物質の物性を考察する．これらの作業を同定と呼び，既知物質の場合は報告データと必ず比較し，同定する必要がある．

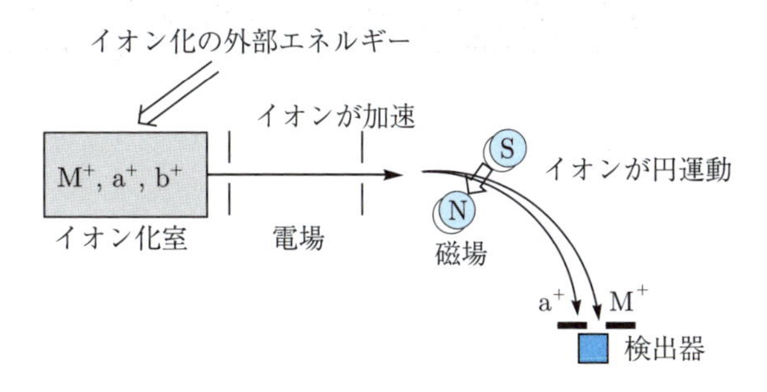

図15.7　MSスペクトル装置の概略図

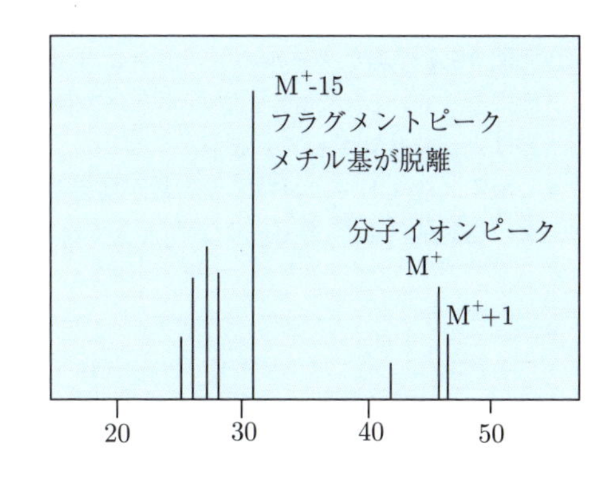

図15.8　MSスペクトルの模式図

表15.4　同位体の質量と存在比

同位体	質量	存在比	同位体	質量	存在比
^{1}H	1.00783	99.9885 %	^{32}S	31.9721	94.93 %
^{12}C	12.00000	98.93 %	^{34}S	33.9679	4.29 %
^{13}C	13.00336	1.07 %	^{35}Cl	34.9689	75.78 %
^{14}N	14.0031	99.632 %	^{37}Cl	36.9659	24.22 %
^{16}O	15.9949	99.757 %	^{79}Br	78.9187	50.69 %
			^{81}Br	80.9163	49.31 %

演 習 問 題
第15章

1　あるハロゲン化物を水酸化ナトリウム水溶液で脱ハロゲン化水素反応させ，アルケンを得ようと思ったところ極性の高い高沸点の液体が得られた．この液体を食塩板に塗り付けIRを測定したところ，3300 cm^{-1} 付近に幅広く大きな吸収が見られた．これは一体何か．なぜこのような反応が起こったのか．

2　ある試料をエタノールに溶解させ，1 mmol/l のエタノール溶液として分光光度計で測定した．この試料を1 cmのセルに入れ吸光度を求めたところ，ある波長で吸光度は0.5であった．この試料のその波長でのモル吸光係数はいくらか．

3　図 **15.4** でエタノールのメチレンは4重線にメチルは3重線になっている．なぜか．またメチレンの水素は水酸基の水素とはカップリングしていない．なぜか．

4　MSスペクトルにおいて炭素数が増えると $M^+ + 1$ のピークが相対的に M^+ のピークより大きくなる．なぜか．

演習問題略解

第 1 章

1　試薬や触媒を上に，反応条件を下に書く．
2　略 (表 1.1 参照)
3　略 (図 1.12 参照)
4　略
5　略 (図 1.13 参照)
6　直線状のアセチレン構造の方向に対してそれぞれ直交した方向

第 2 章

1　メタン，エタン，プロパン，ブタン (n-ブタン)，イソブタン (2-メチルプロパン)，ペンタン (n-ペンタン)
2　略 (図 2.2 参照)
3　不斉炭素，光学異性体

第 3 章

1　1-ブテン，トランス-2-ブテン，シス-2-ブテン，1-ブチン，トルエン，m-キシレン
2　マルコフニコフ則 (図 3.5 参照)
3　硫酸付加，ハイドロボレーション (図 3.12 参照)
4　フリーデル–クラフツアルキル化反応　転位反応や多アルキル化が起こる可能性がある．フリーデル–クラフツアシル化反応
5　塩化ベンゼンジアゾニウムを用い，ザンドマイヤー反応をさせる．

第 4 章

1　ヨウ化エチル，クロロベンゼン，3-ブロモトルエン (m-ブロモトルエン，3-ブロモ-1-メチルベンゼン)
2　過酸化物が存在した場合の臭化水素の付加 (ラジカルを経由する)．
3　塩化チオニル (チオニルクロリド)
4　無水エーテル中，マグネシウムにハロゲン化アルキルを作用させる．水，酸素に注意する．
5　S_N 反応　水酸化物イオンがハロゲンの背面から攻撃しアルコールを生成する．

E 反応　水酸化物イオンがハロゲンの α 位の水素を奪いアルケンを生成する．

第 5 章

1　イソプロピルアルコール (2-プロパノール)，フェノール，メチルフェニルエーテル (メトキシベンゼン)

2　アルコールの水酸基が他の水酸基と強く水素結合し分子間力が強く働くため．

3　PCC

4　立体は反転する．脱離反応が起こる．

5　*t*-ブチルアルコール，ヨウ化メチル

6　アルケンと過酸化物

7　三員環を形成しており，分子内に大きな歪みを持っているため．

第 6 章

1　ブタナール，イソブタナール (2-メチルプロパナール)，ベンズアルデヒド，アセトン，3-ヘキサノン (エチルプロピルケトン)，アセトフェノン (注：表 6.2 で本来ならエチルメチルケトンと表記するべきなのだが，実際慣用的にメチルエチルケトンが多く使われる)．

2

O　H_3C　　　O

COOH　CH_2OH　CHOH CH_3　CH_2OH

第 7 章

1　酪酸 (ブタン酸)，2-メチルプロピオン酸，酢酸フェニル，アセトアミド，酪酸エチル，安息香酸メチル

2

O C H_3C Cl　O C H_3C OCH_2CH_3　O C H_3C N H

CH_3 H_3C-C-OH CH_3　C_2H_5−OH

第8章

1 トリエチルアミン，臭化テトラノルマルブチルアンモニウム，p-アミノトルエン

2

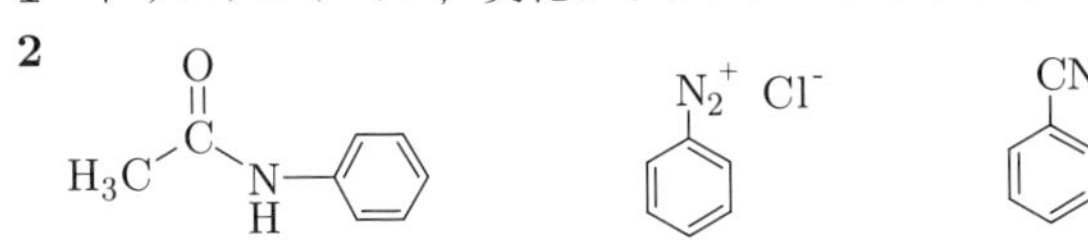

3 メチル基はアルキル基であり，水素に比べ電子押しだし効果があるためアミノ基に対して電子供与性置換基となる．よってNの不対電子が電子豊富となり塩基性が向上する．

第9章

1 2-メチルピリジン，ピロール，ピリミジン，8-ヒドロキシキノリン

2 ピロールは環内に二重結合が二つしかなく，$(4n+2)\pi$ 系の芳香族の条件を満たすには窒素の不対電子が必要となるため，窒素の不対電子が芳香化に使われ，塩基性がほとんどなくなる．ピリジンでは窒素の不対電子は環の外側には向いているものの，不対電子は核中心に引かれる (s 性が高い) ため通常のアミンに比べ塩基性度がやや低い．

3 どちらも分子の中心部に極性官能基があるため，水層のカチオンはこの官能基に引き寄せられる．分子の外側は疎水性基であるため，分子の中心にカチオンを引き寄せた状態で対イオンであるアニオンを連れて有機層に移動する．よって相関移動触媒を使うことによりイオン性の試薬は有機層中で反応速度を増す．

第10章

1 D-Pro，Boc-Asp

2 Gly-Ala-Bzl，Boc-Gly-Ala (Boc は酸で，Bzl は接触水素添加で脱保護される)

3 略 (図 10.6 参照)

第11章

1 α-D-グルコピラノース，α-D-グルコフラノース，マルトース，セロビオース

2 銀鏡反応，フェーリング反応

3 略 (図 11.10 参照)

第12章

1 トリステアリン，シトロネラール，リモネン，β-カロテン
2 略
3 10，30，40

第13章

1 シトシン，チミン，アデニン，グアニン，アデノシン (9-β-D リボフラノシルアデニン)，アデノシン 5'-三リン酸 (ATP)
2 略
3 Phe，Val，対応するものはない (つまり塩基配列解読の読み終わり)

第14章

1 ポリスチレン，ポリエチレンテレフタレート (PET)，ナイロン-6
2

$$\left(\underset{\text{H}}{\text{N}}-CH_2-CH_2-CH_2-CH_2-CH_2-CH_2-HN-\overset{\text{O}}{\overset{\|}{C}}-CH_2-CH_2-CH_2-CH_2-\overset{\text{O}}{\overset{\|}{C}} \right)_n$$

3 略 (14.4.2 項参照)

第15章

1 アルコール　脱離反応ではなく求核反応が起こってしまった．
2 $\varepsilon = 500$
3 メチレンにはメチル基が結合しており，水素は三つあるため $3+1=4$ 重線となる．メチル基にはメチレンが結合しているため水素は二つで $2+1=3$ 重線となる．水酸基は (プロトンの交換速度が速いため) 通常はカップリングしない．
4 炭素には質量数 12 の炭素のほか質量数 13 の炭素が約 1 %存在するため．

索　引

あ　行

か　行

さ　行

た　行

な　行

は　行

ま　行

や　行

ら　行

わ　行

欧　字

著者略歴

大須賀(おおすか)　篤弘(あつひろ)

1977年　京都大学理学部卒業
　　　　愛媛大学理学部を経て
現　在　京都大学大学院理学研究科教授
　　　　理学博士

東田(ひがしだ)　卓(すぐる)

1988年　大阪教育大学大学院教育学研究科修了
　　　　大阪府立工業高等専門学校助手，講師を経て
現　在　大阪府立大学工業高等専門学校総合工学システム学科
　　　　環境物質化学コース教授
　　　　博士(工学)

新・物質科学ライブラリ＝4
基礎 有機化学［新訂版］

2004年4月10日 ©　　初版発行
2017年2月10日　　初版第6刷発行
2019年11月10日 ©　　新訂第1刷発行

著者　大須賀篤弘　　発行者　森平敏孝
　　　東田　卓　　　印刷者　小宮山恒敏

発行所　株式会社　サイエンス社

〒151–0051　東京都渋谷区千駄ヶ谷1丁目3番25号
営業 ☎（03）5474–8500（代）振替 00170–7–2387
編集 ☎（03）5474–8600（代）
FAX ☎（03）5474–8900

印刷・製本　小宮山印刷工業(株)

《検印省略》

ISBN978-4-7819-1461-9

PRINTED IN JAPAN

サイエンス社のホームページのご案内
https://www.saiensu.co.jp
ご意見・ご要望は
rikei@saiensu.co.jp　まで